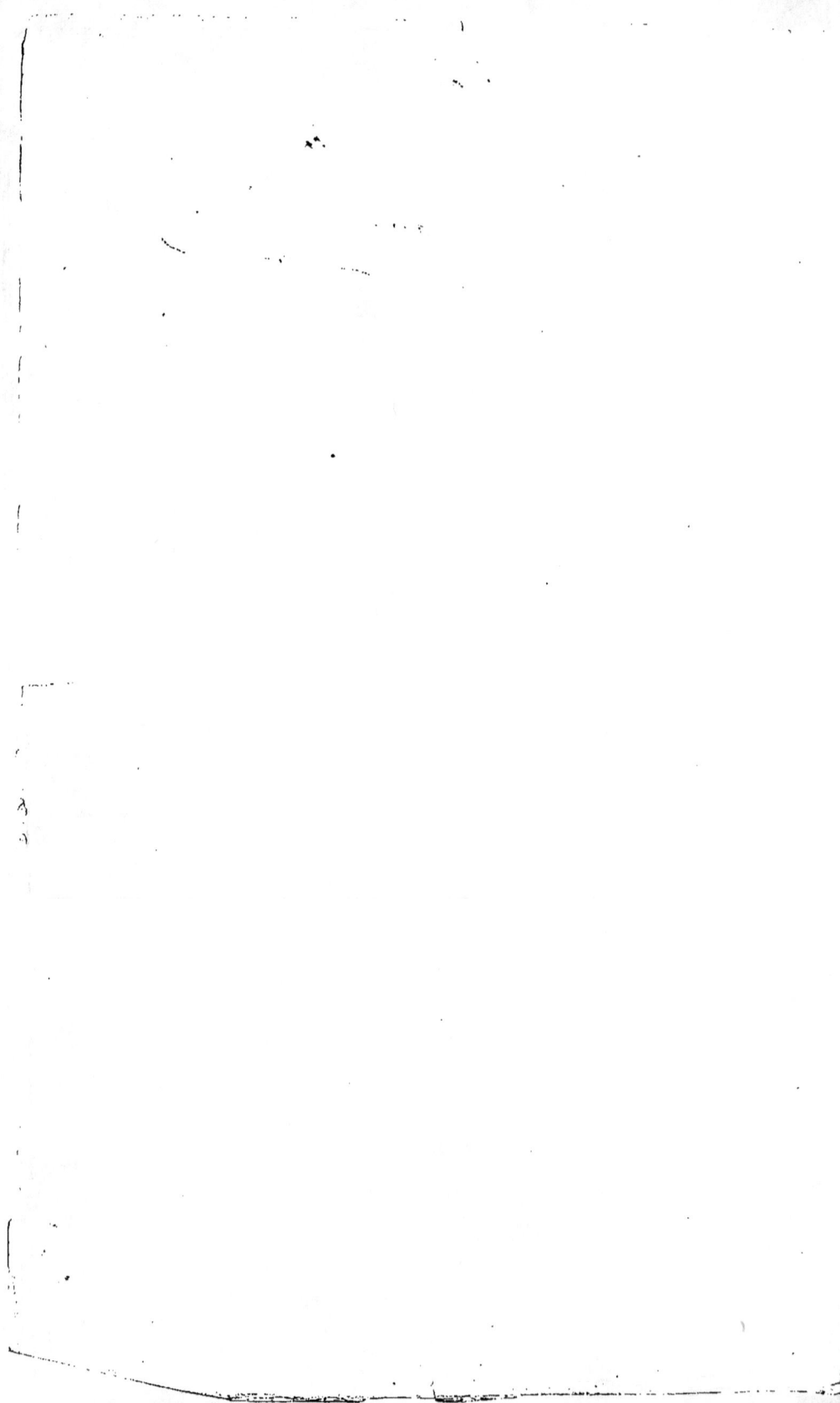

LES RÈGNES

DE LA NATURE

————

1ʳᵉ SÉRIE GRAND IN-8°.

Les Morses. (P. 45.)

1re g. in-8.

LES
RÈGNES

DE LA

NATURE

HISTOIRE NATURELLE

MISE A LA PORTÉE DE LA JEUNESSE

D'APRÈS L'OUVRAGE ALLEMAND

DE

François STRASSLE

AVEC

12 GRAVURES

LIMOGES
EUGÈNE ARDANT ET Cie
ÉDITEURS

LES

TROIS RÈGNES

L'HOMME ET LA NATURE.

De quelque côté que se dirige le regard de l'homme, partout et toujours apparaissent à ses yeux des œuvres d'une beauté et d'une variété surprenantes.

Veut-on donner un nom à l'ensemble de ces merveilles? NATURE est l'expression que nous employons pour les désigner.

De tous les spectacles, la contemplation de la nature est le plus intéressant, le plus instructif. Par elle, le Maître du monde nous est mieux connu; par elle aussi, la Création, que nous pénétrons davantage, nous dévoile ses secrets les plus intimes.

Sortez-vous dans la rue et, à tout hasard, prenez-vous entre vos mains une pierre? de prime-abord, elle vous paraîtra une masse inerte, dépourvue de toute forme, sans caractère bien particulier qui la signale à votre attention.

De la rue gagnez-vous une prairie? un brin d'herbe s'offre plus particulièrement à votre investigation; mince et modeste feuille verte, il n'a rien de bien éblouissant. Il en sera de même du ver qui rampera à vos pieds; il ne vous paraîtra qu'un simple tube mobile et élastique. Pour vous, pierre, brin d'herbe et ver de terre ne vous inspireront que dédain et mépris, dignes à peine d'être foulés aux pieds. Le faites-vous, ils sont détruits!... Mais si, un instant après, le regret d'avoir anéanti ces êtres s'empare de votre âme, si vous voulez par hasard les ramener à leur état primitif, vous reconnaîtrez alors que toutes ces choses, malgré leur petitesse, malgré la simplicité de leur structure, sont autant de merveilles qu'aucun homme n'a jamais pu imiter, et qu'elles ont dû avoir pour auteur, une intelligence et une puissance bien supérieures aux vôtres.

Et si les métaux, les pierres précieuses qui reposent dans le sein de la terre, les fleurs qui embaument nos jardins et nos prairies, les arbres de toutes les essences qui peuplent nos forêts, le papillon volage, les oiseaux au plumage éclatant passent devant votre mémoire et votre imagination comme un panorama aussi riche que varié, alors seulement, pénétré de votre néant, vous vous humilierez devant leur divin Créateur.

Ce n'est pas tout; grâce à l'observation attentive de la nature, nous nous pénétrons de ses secrets, nous nous les approprions, nous découvrons la fin, l'utilité ou le danger de chaque détail, et nous recueillons un profit immédiat de ces connaissances. De plus, l'esprit se forme à l'analyse par cet exercice, et trouve dans cette étude un but, un attrait, qui l'élève au-dessus de la sphère des intérêts matériels.

En plaçant l'homme au premier rang dans la nature, Dieu lui a donné les moyens de la dominer et de la soumettre à ses besoins. La force et le courage du cheval lui sont à peine connus, qu'il le dompte et l'emploie à tous les travaux domestiques ; il le dresse à la guerre et s'en fait un instrument de gloire. Il en est de même des métaux, des plantes ; quel parti n'en tire-t-il pas! S'il était dépourvu de toutes ces connaissances, triste et misérable serait son existence ; mille dangers l'assailliraient sans cesse ; il ne saurait distinguer ni les plantes vénéneuses, ni les animaux nuisibles. Comment se défendre contre des ennemis qui lui seraient inconnus?

Que m'importe, diront les sots, que tel ou tel animal se trouve ici ou là? Que le lion hante le pôle arctique et l'ours blanc les déserts de l'Afrique? que le sucre se récolte sur le pin sylvestre, ou que le sel se ramasse dans les entrailles de la terre ou à sa surface? que la chauve-souris soit un oiseau ou un mammifère? Que m'importe? Tout cela est le moindre de mes soucis!

Détrompez-vous, mon jeune ami, celui qui professe une pareille indifférence pour les œuvres de Dieu accuse une bien grande ignorance ; il renie et dédaigne l'œuvre de son créateur, méprise les bienfaits de sa munificence, et, de gaieté de cœur, se met pour toujours au rang des enfants, esclaves de tout ce qui les entoure.

Afin de mettre un peu d'ordre au sein de cette variété infinie qui constitue la nature, les savants ont imaginé une classification basée sur les particularités qui caractérisent chacun de ces êtres ; ils les ont groupés en trois grandes classes ou règnes, ce sont :

LE RÈGNE ANIMAL
LE RÈGNE VÉGÉTAL
LE RÈGNE MINÉRAL

Chacune de ces trois grandes classifications se divise de nouveau en une foule d'autres subdivisions. Les énoncer n'a pas été le but de l'auteur ; il n'a voulu faire faire à son jeune lecteur qu'un premier pas dans une science qu'il pourra étudier plus à fond et plus en détail à un âge plus avancé.

RÈGNE ANIMAL

Depuis l'insecte microscopique jusqu'à la gigantesque baleine, le nombre des animaux qui peuplent la
terre, est réellement incalculable. On en rencontre
partout : sur terre, dans l'air, dans les eaux, jusque
dans les profondeurs du sol ; dans les climats glacés des
pôles, comme sous la zone torride. Bien que la mort
décime sans cesse leurs rangs, bien que leur existence
soit souvent de courte durée, les variétés demeurent
toujours aussi multiples, les individus aussi innombrables, grâce à la faculté de se reproduire que possède
chaque espèce. Les uns sont vivipares, c'est-à-dire
qu'ils mettent au monde des petits vivants. Les autres
sont ovipares, c'est-à-dire qu'ils se reproduisent par
œufs.

La nature a pourvu chaque espèce d'un vêtement et
d'aptitudes en rapport avec le milieu dans lequel elle doit
vivre. A tous elle a donné l'instinct de se nourrir et de
veiller à leur propre conservation. Chaque animal sait

user pour combattre l'ennemi qui l'attaque des armes
qu'il a reçues : dents, bec, griffes, aiguillon venimeux, etc.

En dépit de leurs forces, l'homme leur est supérieur
par son intelligence. Lui seul sait les dompter et les
soumettre à sa volonté. Il exerce sur eux un empire
quelquefois contesté, mais qui finit toujours par triom-
pher des résistances et des révoltes.

Les animaux se distinguent des autres êtres de la
nature en ce qu'ils sont doués de sensibilité et de mou-
vement; ils peuvent, au moins, étendre et retirer quelques parties de leur corps. Ils se nourrissent de
matières dures ou liquides, qu'ils absorbent par une
seule ouverture, et s'assimilent par digestion.

Quelque différentes que soient leur grandeur, leur
forme, leur structure intérieure et leur manière de
vivre, il en est beaucoup qui se ressemblent; cette
analogie entre eux les a fait diviser comme il suit :

Animaux à os ou vertébrés
(Squelette complet).

   I. — **Mammifères.**
  II. — **Oiseaux.**
 III. — **Reptiles.**
 IV. — **Poissons.**

Animaux non vertébrés
(Sans squelette)

 V. — **Animaux articulés**
 VI. — **Mollusques.**
VII. — **Zoophytes.**

ANIMAUX VERTÉBRÉS

I. — MAMMIFÈRES.

De toutes les classes d'animaux, les mammifères ou animaux à mamelles (du latin *mamma*, mamelle), sont les plus parfaits. Munis de quatre pieds, les poissons mammifères exceptés, ils sont désignés sous la dénomination générale de quadrupèdes. Comme l'homme, ils possèdent cinq sens, la vue, l'ouïe, l'odorat, le toucher et le goût; et chez quelques-uns d'entre eux ces sens sont très-développés. Les parties principales qui composent leur corps sont : la tête, le cou, le corps proprement dit et les membres; leurs pieds sont munis de doigts, de sabots ou de griffes. Le cœur est formé de deux ventricules et de deux avant-ventricules. Des poumons leur servent d'organes respiratoires; grâce à ces organes, ils peuvent produire et articuler des sons. Leur sang est rouge et chaud. Les organes qui digèrent chez eux la nourriture sont : l'estomac, le foie, la rate et les intestins. Dans leur structure, les os ou squelette remplissent le même office que les poutres et les colonnes dans un édifice. Ils mettent au monde des petits de leur espèce tout vivants, et les nourrissent dès les premiers jours du lait de leurs mamelles. Ils sont généralement couverts de poils; on donne à leurs toisons les

noms divers de laines, soies, épics, etc. Ils peuplent
toutes les parties de la terre; un très-petit nombre
d'entre eux habitent le sein des eaux. Leurs divers
mouvements de locomotion se désignent par les expres-
sions suivantes : marcher, courir, bondir, trotter,
grimper, etc. Contre leurs ennemis, ils se défendent
par des morsures, des coups de tête, de griffes ou de
pieds. En général, ils préfèrent fuir aux premiers
signes de danger. Les services qu'ils rendent à l'homme
sont incalculables. Les bêtes à cornes, par exemple,
tirent la charrue et la voiture; leur lait sert à fabriquer
le beurre et le fromage; leurs excréments fument nos
champs. Leur chair nous donne une nourriture succu-
lente. Nous utilisons leurs peaux et leur graisse de
mille manières, qu'il serait trop long d'énumérer.
Nous n'avons pas de meilleure bête de selle ou de trait
que le cheval. Avec la laine des moutons se tissent nos
habits; leur chair nous nourrit, leur peau reçoit mille
destinations diverses. Le chat hypocrite nous protége
contre les rats, gent vorace et pillarde.

Arrêtons quelques instants notre attention sur ces
animaux dont nous tirons tant de profit.

On peut les ranger en onze classes que nous allons
passer en revue.

1. — SINGES OU ANIMAUX A QUATRE MAINS.

C'est dans les forêts des pays chauds qu'habitent les
singes; ces animaux burlesques et pleins de vie sont
vifs, espiègles, malicieux.

Voyez-les en famille dans une vaste cage, comme au Jardin des Plantes à Paris. Quelle vivacité dans leurs mouvements, quelle agilité dans leurs exercices gymnastiques, quelle variété dans leurs horribles grimaces! et quelle dextérité à s'enlever mutuellement les friandises que le spectateur leur jette! Voyez alors la rixe qui s'ensuit, et la victoire restant au plus fort!

Et la femelle, avec son petit dans ses bras! comme elle le câline, le caresse, le regarde avec tendresse! Avec quel soin elle lui donne à manger et lui ôte la vermine!

Le petit veut-il, de son autorité privée, prendre quelque nourriture ou jouer avec son voisin? il reçoit un soufflet; il crie, les soufflets pleuvent; les cris redoublent, toute la gent singe fait chorus, et le spectateur, assourdi par ces sons discordants, n'en demande pas davantage.

Quelques genres de singes sont éducables; mais, tout imitateurs qu'ils sont, leur malice est si grande, qu'ils prennent un air stupide et gauche, dès qu'on veut leur apprendre quelque chose : ce n'est qu'à force de coups de bâton, et en les privant de nourriture, qu'on parvient à les dresser.

On en voit qui dansent sur la corde comme les acrobates, et qui exécutent mille exercices d'adresse, saut du cerceau, pas de basque, etc.

Malgré tout, le singe restera toujours gourmand, colère, voleur, vindicatif. Les sauvages disent de lui que, s'il n'est pas menteur, c'est qu'il ne peut parler.

Le singe, presque semblable à l'homme, tient le

premier rang parmi les animaux; cependant, il y a
entre l'homme et le singe des différences de constitution si grandes que le singe le mieux fait ne saurait
jamais passer pour un homme.

Il est quelques espèces de singes qui peuvent marcher quelque temps debout comme l'homme : ce sont
les *orangs-outangs*. Leurs yeux sont placés comme
ceux de l'homme, ils n'ont pas de pieds comme les
autres animaux, mais des mains à ongles et à pouces.
On les divise en deux classes : singes de l'ancien
monde, et singes américains.

L'*orang-outang* de l'île de Bornéo a le poil marron,
la figure lisse et bleuâtre, les bras longs. Il vit seul ou
en petit nombre au fond des grandes forêts; il se nourrit de fruits, descend rarement des arbres, et, s'il est
poursuivi, se cache dans les branches les plus feuillues
et les plus hautes.

Le *chimpanzé* et le *gorille*, de la même famille que
l'orang-outang, vivent en troupeaux dans la Guinée,
le Congo, le Sierra-Leone ; dans leur entier développement, leur taille est celle d'un homme fait, tandis
que l'orang-outang atteint ordinairement deux mètres.

Ces animaux, à poil marron, a figure noire d'ébène,
se construisent des huttes de branches d'arbre, et se
défendent contre l'attaque de l'homme et des animaux
à coup de pierres et de bâton.

Les *marmots* se distinguent par leur queue, excessivement longue ; ils ont des abajoues dans lesquelles
ils peuvent cacher leur nourriture.

Le *singe turc* ou *magot* ressemble aux marmots :

mais sa queue est si petite qu'elle paraît avoir été coupée.

Le *longs-bras* ou *gibbon* vit en bande ou par couple dans les forêts des îles de Java, de Bornéo, de Sumatra et des Célèbes.

La figure de ce singe, à expression douce, sérieuse, presque triste, est entourée d'un collier de poils blancs. Leurs bras pendent presque jusqu'à terre; ils sont beaucoup plus agiles dans le branchage des arbres que sur terre. La plus grande espèce a deux mètres de hauteur.

Les *babouins* sont remarquables par leur museau allongé comme celui du chien; ils sont très-sauvages, méchants et très-dangereux à cause des coups de dents qu'ils donnent.

Le *mandril* ou *diable de la forêt* vit en troupeaux en Afrique. On le montre dans les ménageries sous le nom d'orang-outang; c'est le plus laid, le plus fort, le plus sauvage de l'espèce.

Le *galago* vit en Afrique; il a les oreilles et les yeux très-grands. Il dort le jour, et le soir au crépuscule il se glisse sur les arbres pour chercher sa nourriture.

Les *singes américains* ou du Nouveau-Monde sont rugissants. Ils se servent de leur queue pour saisir ce qu'ils ne pourraient attraper avec la main; c'est aussi pour eux un appui pour se soutenir et grimper lestement aux arbres. Ils vivent dans l'Amérique du Sud par centaines. Leurs effroyables rugissements rendent leur voisinage insupportable.

Les singes à griffes, aussi de l'Amérique du Sud,

vivent en famille sur les arbres. On distingue parmi eux le *singe a poils soyeux*, à oreilles blanches, animal gris de treize centimètres de hauteur, à queue blanche, mêlée de poils marrons. Un autre type remarquable de cette famille est le *singe lion*; il vit au Brésil; sa couleur est jaune d'or; il a une crinière autour de la tête et du cou; on le voit souvent dans les ménageries, mais il supporte mal nos climats.

Tous les singes sont excessivement habiles à grimper; ils ne descendent des arbres que quand ils veulent boire, ou s'ils sont obligés de chercher leur nourriture hors des bois; ils aiment le blé, les fruits sauvages et de jardin; ils mangent aussi des bourgeons, des feuilles, des racines, des vers, des insectes, des œufs, de petits oiseaux qu'ils plument soigneusement. En cage, ils s'habituent à la nourriture des hommes.

Dans quelque pays, on les chasse pour leur chair et leur peau. On attrape les vieux pour se saisir de leurs petits. Tous les singes importés dans nos pays ont été pris jeunes.

2 — CHIROPTÈRES OU ANIMAUX A BRAS AILÉS.

A la nuit tombante, nous voyons voler autour de nos maisons et à travers nos jardins un petit animal, qui est généralement un objet de répulsion. C'est la *chauve-souris*, qui est pourtant un être très-inoffensif. C'est en poursuivant avec une ardeur infatigable les hannetons, les mouches et autres insectes, qu'elle nous effleure quelquefois et s'accroche à nos cheveux.

Fatiguées de leur chasse nocturne, les chauves-souris dorment tout le jour et ne sortent que le soir de leur cachette. Elles n'ont pas de nid moelleux et commode comme les oiseaux, mais elles se pendent par les pieds de derrière aux contrevents, dans le creux des arbres, sous les toits en ruines; en s'éveillant, elles se laissent tomber vers le sol, étendent, dans leur chute, les membranes qui leur tiennent lieu d'ailes, et prennent la volée.

Elles ne peuvent s'envoler si elles tombent à terre; à l'aide de leurs griffes, elles grimpent sur un mur ou un arbre et se laissent tomber de nouveau.

A l'approche de l'hiver, elles cherchent un endroit sombre où elles puissent être à l'abri du froid, et y dorment jusqu'à ce que la chaleur printanière les ranime.

Elles se cachent quelquefois dans les cheminées, où la chaleur les attire; on les a appelées pour cela voleuses de lard. C'est à tort : elles ne se nourrissent que d'insectes, ce qui peut les faire ranger au nombre des animaux utiles.

On les nomme chauves-souris, parce que, comme les souris, elle ont sur la tête et le corps le même poil gris et doux. Le ventre est d'un gris blanc; au lieu de pattes comme celles des souris, elles ont des doigts reliés par des membranes (peau fine) qui leur servent à voler; leurs ailes étendues, elles portent de vingt-cinq à trente centimètres d'envergure. La grande chauve-souris à nez fer de cheval mesure développée trente-sept centimètres.

Les chauves-souris ont des yeux très-petits; mais la

grande finesse de leur ouïe et la délicate sensibilité de leurs ailes membraneuses suppléent, chez elles, à l'insuffisance de la vue. Elles peuvent ainsi voler dans les endroits les plus obscurs sans jamais se heurter. Quelques grandes espèces de chauves-souris vivent dans les Indes et les îles voisines ; elles se nourrissent non-seulement d'insectes, mais aussi de fruits.

Le *galéopithèque* est de la grandeur du chat, mais ses ailes ne lui servent que de parachute.

Le *vampire*, grand comme un écureuil, est très-redouté, parce qu'il suce le sang des hommes et animaux endormis ; cependant, les blessures qu'il fait ne sont pas dangereuses.

3 — CARNASSIERS.

On entend par carnassiers tous les animaux de proie, tels que les renards, les loups, les ours, et la famille des chats sanguinaires des pays chauds, comme le lion, le tigre, la panthère, le lynx. Ces redoutables habitants des forêts méritent, en première ligne, le nom de carnassiers ou animaux de proie, parce qu'ils attaquent d'une manière sournoise et violente les autres animaux, et les déchirent pour les dévorer. Cependant, les naturalistes ont aussi donné le nom de carnassiers à des animaux qui ne se nourrissent que d'insectes ; ce sont : les hérissons, les musaraignes, les taupes, que l'on désigne aussi sous la dénomination de mangeurs d'insectes ou insectivorces.

Le *hérisson commun*, animal assez connu, est de la

grosseur d'un chat à demi-développé ; son dos et ses
flancs sont hérissés de pointes qu'il peut diriger
à volonté. Le ventre et les pieds sont couverts d'un
poil court. Son museau a la forme d'une trompe.
Il est très-craintif; lorsqu'il a peur de quelque
chose, il rentre sa tête et ses pieds, se roule, et son
corps ne présente plus qu'une boule hérissée de pi-
quants.

Ses ennemis ne savent comment l'attaquer, ni de
quel côté le prendre, car ils se piquent à ses dards :
ceux de la tête lui servent d'armes offensives pour attaquer les rats, les fouines, les putois. Il les pique sur le
museau pour s'en débarrasser.

Pendant le jour, il se cache ordinairement dans un
trou qu'il se creuse sous des broussailles. La nuit, il
sort pour chasser; il mange des escarbots, des vers de
terre, des escargots, des serpents, des lézards, des grenouilles, des taupes, des chauves-souris, voire même
de petits oiseaux et leurs œufs. On le trouve souvent
en automne dans les jardins et les vignes; il aime le
raisin et les fruits; néanmoins il est plus utile que
nuisible, puisqu'il détruit les vipères : c'est donc à
tort qu'on le tue. En hiver, il dort dans le terrier qu'il
s'est creusé lui-même.

La *musaraigne aquatique* vit dans les trous au bord
de l'eau ; c'est un des plus petits mammifères ; elle
ressemble au rat domestique, mais est beaucoup plus
petite et n'est point nuisible, puisque, comme toutes les
musaraignes, elle ne se nourrit que d'insectes et de
vers. Son pelage est marron noir, mais gris en-des-

sous ; ses pattes sont munies de poils rudes qui l'aident à nager ; elle vit presque toujours dans son trou, de même que *la taupe*, qui ne vient à l'air que quand elle a besoin de mousse et de feuilles pour préparer un doux lit à ses petits. Elle devient alors souvent la pâture des belettes et des oiseaux de proie.

Elle n'est pas aveugle, comme on le croit communément ; mais ses yeux et ses oreilles sont cachés sous sa fourrure. Par cette disposition providentielle, elle peut, sans que la terre y pénètre, creuser son trou avec son museau en forme de trompe et avec ses pattes en pelle. Bien qu'elle mange les vers de terre et autres insectes nuisibles, qui rongent les racines des plantes on cherche à la détruire, quand ses taupinières deviennent trop nombreuses dans les jardins et les prairies.

Un carnassier plus respectable que les animaux que nous venons de citer est notre chat domestique, qui descend du chat sauvage. Il n'a pu encore, malgré le doux traitement des hommes, perdre la demi-sauvagerie de son naturel : à l'occasion, il se montre perfide et sournois. Il ne se laisse ni attacher, ni emprisonner, comme les autres animaux domestiques ; il n'aime qu'à courir dans les greniers, sur les toits, dans les caves et autres endroits sombres ; on ne le garde dans les maisons que comme l'ennemi des rats et des souris, car il est dangereux pour les petits enfants. On dit que des chats ont dévoré de tout petits enfants, ou qu'ils en ont étouffé en se couchant sur leur poitrine. Le chat est un animal carnivore, c'est-à-dire qui se nourrit de

chair; par son séjour parmi les hommes, il s'est habitué
cependant à la nourriture végétale.

Il voit aussi clair la nuit que le jour, et peut, dans
l'obscurité la plus profonde, faire la chasse aux rats et
aux souris. Il s'attaque aussi aux petits oiseaux, plutôt
par instinct sanguinaire que par besoin. Il a, comme
tous les carnassiers, de très-bonnes dents; les organes
des sens sont chez lui très-développés, surtout la vue et
l'ouïe; les doigts de ses pattes ont la forme de gaîne qui
renferme les griffes, qu'il rentre ou ressort à volonté.
Son corps, souple, élancé, est couvert de poils de différentes couleurs.

Les individus les plus forts, les plus courageux de la
famille des chats sont le *lion* et le *tigre*. Comme ils
habitent des régions lointaines et que nous ne les
voyons que dans les ménageries ou en tableaux, nous
nous bornerons à quelques détails sur leurs mœurs.

La noblesse et la beauté de la tête du lion, l'expression imposante de son regard, l'ont fait surmonter le
roi des animaux; son empire s'étend en Afrique et
dans une grande partie de l'Asie. Tout ce qui vit trem-
ble et frémit lorsque, dans la nuit silencieuse, au bord
du désert ou dans la montagne, il fait entendre sa voix
puissante, semblable au grondement lointain du tonnerre. Rien n'égale la vitesse de sa course; malheur à
l'animal qu'il a choisi pour proie : d'un seul coup de
sa griffe puissante, il rompt l'épine dorsale du cheval.
Les antilopes, les moutons, les singes sont sa nourriture ordinaire. Au bord de l'eau, caché dans les joncs,
il guette sa proie; il se couche à plat ventre comme le

chat qui s'apprête à sauter; il fond sur les animaux en fuite, qu'il atteint aisément, car il peut faire des bonds de dix mètres de long.

On dit qu'il n'attaque pas les hommes qu'il rencontre par hasard, si ces hommes, sans montrer la moindre crainte, le regardent fixement.

Quand il a faim et qu'il est irrité, il est terrible. Dans sa colère, ses yeux expressifs lancent des éclairs, ses sourcils touffus s'abaissent et se relèvent convulsivement, sa crinière se hérisse, sa gueule s'ouvre et montre ses dents aiguës; sa respiration devient un sifflement.

Son pelage est d'une couleur uniforme, jaune marron; il a de 1^m,50 à 2^m,70 de long sur plus de un mètre de haut; sa queue, longue de un mètre à 1^m,30, porte au bout une touffe de poils. Le mâle a une crinière qui couvre presque tout l'avant-corps.

Jadis, on prenait le lion dans des pièges ou des trappes; maintenant, on le tue presque toujours à coups de fusil. On peut s'imaginer à quels dangers s'expose le chasseur de lions, s'il n'est excellent tireur; si l'animal n'est pas tué ou réduit à l'impuissance au premier coup de feu, son agresseur devient inévitablement sa victime.

Quelques peuples du nord de l'Afrique apprêtent sa chair et la mangent; sa peau fait de magnifiques fourrures.

Le *tigre* n'est pas d'une couleur uniforme comme le lion; son pelage jaune rouge a des rayures noires diagonales. Sans être aussi grand que le lion, il paraît plus long; il n'a pas de crinière, et sa prestance n'est pas majestueuse comme celle du lion. Il habite les épaisses forêts de l'Amérique du sud et les Indes orientales.

Partout où il se montre, il est la terreur des hommes et des animaux; plus sanguinaire que le lion, il est aussi plus agile, plus courageux. Il a dévoré dans maints villages des Indes toute la population; aussi les princes indiens à la tête de leurs soldats lui font souvent une chasse acharnée.

Le tigre africain, ou *panthère*, est aussi plus petit que le lion; le *léopard*, de la même famille, est avec le tigre américain, ou *jaguar*, celui qui se rapproche le plus du chat quant à la forme. Par sa cruauté, il est l'égal du tigre africain. Très-dangereux même pour l'homme, il ne quitte les forêts que pour dévorer le bétail des prairies. On lui fait souvent la chasse, car sa belle fourrure est très-recherchée et se vend un prix élevé.

Dans les Alpes de Bavière se trouve le *lynx*, carnassier de la même famille que le tigre, grand destructeur des hôtes des forêts.

Nos petits carnassiers ont, comme les chats, des instincts sanguinaires. La *fouine*, le *putois*, la *belette* et autres font la guerre aux petits animaux et aux volatiles avec la même ardeur que le lion et le tigre aux antilopes, aux bœufs et autre gros gibier.

Par la destruction des grandes forêts, par la culture des terrains et grâce au perfectionnement des armes à feu, les Européens ont faits disparaître la plupart des animaux de proie ; à peine si l'on trouve dans nos pays quelques petites espèces de fouines et de martres.

Le *renard*, qui joue dans les fables le rôle d'un adroit et rusé voleur, appartient à la famille des chiens. Notre chien domestique n'est lui-même qu'un animal de proie dompté ; le renard ressemble beaucoup au chien à museau pointu. On le reconnaît à sa peau d'un jaune rouge, à sa queue longue à pointe blanche ; il demeure dans le terrier qu'il s'est creusé lui-même, ou il prend possession de celui du blaireau. Ses dents indiquent qu'il est carnivore : aussi sa principale nourriture consiste en oies, canards, poulets, lièvres, lapins ; il est friand de miel, de fruits et de raisins.

Il recouvre d'un peu de terre les restes de ses repas, comme le chien le fait quelquefois. Sa voix ressemble à celle du chien ; il aboie et hurle comme lui ; comme le chien, il est sujet à l'hydrophobie.

Le *loup*, qui appartient aussi à la famille des chiens, ne se laisse pas plus que le renard apprivoiser. A quoi nous servirait-il de le domestiquer? Il n'a pas l'intelligence du chien. De loin, on le prendrait facilement pour un chien de berger ou de boucher ; son pelage est d'un marron gris. La peau est recherchée comme fourrure de paletots et de manteaux pour homme.

Le loup a presque entièrement disparu d'Angleterre et d'Allemagne. On le trouve plus souvent en France, dans les forêts de la Bohême et de la Moravie. En Russie, en Pologne, en Hongrie, ils vivent en bandes et attaquent les chevaux, le bétail, les moutons, etc. Le loup affamé est très-dangereux même pour l'homme.

L'Ours brun. (P. 25.)

La *hyène* tient du loup et appartient à la famille des chiens; elle vit en Afrique, et ne se nourrit que de chair corrompue; elle déterre même les cadavres d'hommes et d'animaux pour s'en repaître.

Elle est lâche et craint l'homme, qu'elle n'attaque jamais. Les récits qu'on a faits sur sa cruauté sont donc mensongers.

Le plus grand animal carnassier de l'Europe est l'*ours brun*. Il vit, l'été, dans les épaisses forêts, et l'hiver, dans les profondes cavernes; c'est un animal difforme, à grosse tête, à museau conique, aplati sur le devant. Dans son jeune âge, il se contente de racines, de baies, de raisins et de fruits; plus tard, l'instinct carnassier se développe en lui; alors, il vole bestiaux, chevaux, cerfs, moutons; il est surtout gourmand de miel. Il monte sur les arbres où se sont formés des essaims d'abeilles, et se laisse plutôt piquer par elles que de renoncer à satisfaire son goût; il aime aussi les fourmis et le poisson. Il n'attaque l'homme que quand il est provoqué. Pris dans sa jeunesse, il peut être dressé et dompté. Alors, il marche debout se tenant sur les pieds de derrière; il porte un bâton dans sa gueule, danse, et se livre à toutes sortes d'ébats. Pour ces exercices, on le mène avec une chaîne passée dans un anneau qui lui traverse le nez. Il naît dans les pays froids ou tempérés de l'ancien monde, mais actuellement on ne le trouve plus que dans les Pyrénées et les Alpes. Comme chaude fourrure, sa peau est très-estimée.

Le plus grand, le plus féroce de tous les ours, est

l'*ours blanc* des mers glaciales polaires; c'est le grand destructeur de tous les animaux de ces contrées.

Le plus singulier des ours est l'*ours raton laveur*, de l'Amérique du nord, ainsi nommé parce qu'il a l'habitude de se baigner et de laver tout ce qu'il mange.

Dans nos forêts, on ne trouve qu'un seul animal de la famille des ours, c'est le *blaireau*. Il habite, le jour, le terrier qu'il s'est creusé, et n'en sort que la nuit pour chercher sa nourriture, qui consiste en racines, fruits, raisins, grenouilles, souris. Quand il est poursuivi et pris par les chasseurs, qui le recherchent pour sa graisse et sa peau, s'il ne peut échapper, il mord avec rage.

4. — ANIMAUX A BOURSE.

En 1769, le navigateur Cook a découvert en Australie un des animaux les plus curieux; on le voit maintenant dans les ménageries : c'est le *kanguroo*. La classe des animaux à bourse tient le milieu entre les carnassiers et les rongeurs. La femelle a sous le ventre une espèce de poche dans laquelle elle porte les petits qu'elle allaite.

Le kanguroo vit dans les prairies à hautes herbes de la Nouvelle-Hollande; pendant les grandes chaleurs, il les quitte pour chercher dans les broussailles un abri contre les rayons ardents du soleil.

Ordinairement appuyé sur sa forte et longue queue, il s'assied sur les pieds de derrière. Le jour, il marche

à quatre pattes pour paître, l'avant-corps penché; sa
nourriture consiste en herbe et feuilles d'arbres. Il
passe la nuit à dormir. Si on ne l'attaque, il est d'une
humeur douce, et cherche toujours par la fuite à éviter
le danger. Il surpasse en agilité tous les autres animaux.
Au repos, s'aperçoit-il de quelque danger? il s'enlève
d'un seul bond, comme mû par une force surnaturelle;
et par des sauts successifs d'une puissance et d'une
prestesse incroyables, il échappe en quelques instants
aux levriers les plus rapides.

Pour sauter et garder l'équilibre, il tient les pattes
de devant serrées au corps et la queue étendue horizontalement.

Les mâles, très-courageux, se défendent énergique-
ment avec leur queue et leurs pieds de derrière; ils
sont des adversaires redoutables pour les chiens de
chasse.

Les indigènes de la Nouvelle-Hollande savent avec
une adresse et une habileté admirables les atteindre
d'un coup de javeline.

Les femelles sont craintives, et, dit-on, meurent de
peur quelquefois, quand on les attaque.

Le kanguroo géant pèse de 75 à 100 kilogrammes.
Sa chair est excellente. C'est une ressource inappréciable pour l'Australie, si pauvre en denrées alimentaires.

5. — RONGEURS.

Nous voyons souvent dans les maisons, les jardins,
les champs, les forêts, ces petits animaux, à queue lon-

gue et lisse, que nous désignons sous le nom de souris ;
leurs yeux vifs, intelligents, annoncent la hardiesse, et
cependant elles sont si craintives, qu'au moindre bruit
elles rentrent dans leurs trous.

La *souris* domestique, qu'on prend dans la souricière
et qu'on peut alors regarder tout à son aise, est grise ;
son poil est très-doux ; sa tête conique finit en museau
pointu garni de longs poils formant une petite moustache ; cet animal mignon est très-propre ; très-souvent
il s'assied sur les pattes de derrière pour se nettoyer le
museau ; malgré la petitesse de ses oreilles, il a l'ouïe
très-délicate.

La souris a le goût fin ; cependant, elle se contente
de tout ce qui est mangeable : pain, lait, beurre, fromage, pommes de terre, blé, farine, graines et fruits
la régalent ; elle se glisse non seulement dans les garde-
manger pour y attraper quelque bon morceau, mais
aussi dans les cheminées, où elle grimpe à l'aide de ses
griffes, attirée qu'elle est par l'odeur du lard et autres
denrées exposées à la fumée.

Dans les maisons où elles pullulent, les souris deviennent un véritable fléau. On a beau enfermer les
provisions, c'est peine perdue ; avec leurs petites dents
pointues et fortes, elle rongent, elles percent les planches et les plâtres.

Comme chez tous les rongeurs, ronger et chez elles
une nécessité, car leurs dents incisives ou antérieures
croîssent naturellement et sans cesse de la racine,
à mesure qu'elles s'usent du tranchant.

Malgré sa sauvagerie, la souris domestique, qui ne

sort que la nuit, se laisse apprivoiser ; alors elle vient prendre le pain dans la main, se sauve aussitôt dans son trou et revient quand on l'appelle.

Il est dangereux de détruire les souris par le poison, car souvent elle le crachent sur des objets qui peuvent devenir nuisibles aux hommes et aux animaux ; il vaut donc mieux employer la souricière, ou s'en rapporter à l'instinct du chat pour s'en défaire.

Il y a des souris blanches aux yeux rouges. La *souris des champs*, grosse comme la souris domestique, a la queue plus courte, le pelage d'un gris jaunâtre; très-nuisible aussi, l'hiver elle quitte les champs pour la ville, si elle n'y trouve plus à vivre. Elle fait dans les champs des trous où elle garde sa provision de blé ; les années où elle se multiplie outre mesure, elle détruit quelquefois toute une récolte de blé ; pois, lentilles, vesces, pommes de terre, lui servent aussi de nourriture; les semences ne sont pas à l'abri de leurs ravages, les blés sont détruits quelquefois avant d'avoir poussé.

Heureusement, elle a une multitude d'ennemis : chiens, chats, cochons, renards, fouines, hiboux, corbeaux. L'humidité et le froid en tuent par milliers.

Le *rat* est une horrible souris au corps difforme et à longue queue ; deux fois grand comme la souris, il est un objet de dégoût et d'aversion pour presque tout le monde ; plus nuisible encore que la souris, puisqu'il fait plus de dégâts, il amasse encore plus de provisions dans son trou.

Il ronge tout ce qu'il rencontre sur son chemin; avec ses griffes, il creuse les murs; souvent il attaque

3

les petites volailles ; on dit même qu'en Amérique des
rats ont commencé à ronger un enfant malade aban-
donné par sa mère. Il est donc utile de faire la chasse
à ces vilains animaux partout où on les trouve ; mais
c'est chose difficile, car ils se défendent et mordent
cruellement : il arrive souvent que les chiens et les
chats n'osent les attaquer, quand ils sont de grande
taille.

Dans les grandes villes, on cherche en vain à les détruire entièrement ; ils sont inexpugnables dans les
lieux où ils se sont une fois établis.

Quelques peuples nomades, tels que les bohémiens,
mangent la chair de ces animaux immondes.

L'*écureuil*, beaucoup plus joli que la souris, est
aussi un rongeur ; il vit dans nos forêts ; très-agile, il
bondit d'arbre en arbre, se précipite de la cime d'un
sapin jusqu'à terre pour regrimper encore plus vite.
On le reconnaît facilement à sa queue touffue disposée
en deux rangs. Pour éplucher une pomme de sapin ou
casser une noix, il s'assied sur ses pattes de derrière,
avec un air magistral.

Il est d'un marron rouge, ou gris, ou noir ; il a une
bouffe de poils sur les oreilles, des griffes pointues ; il
est petit, gracieux, mais plutôt nuisible qu'utile, car il
mange les jeunes bourgeons, les tiges des arbres, et
même détruit les nids des oiseaux chanteurs ; il en est
qui s'approchent des villes et des villages pour arracher
des pommes et des poires dont ils ne mangent que les
pépins, après les avoir dégagés de la pulpe.

Lorsqu'ils ont de la nourriture de reste, ils établissent de grands magasins de provisions. Ils vivent par couples, et chaque couple se construit des nids de feuilles, de mousse et de branches. La nuit, ils restent dans un de leurs nids ; les jours d'orage ou de grande pluie, ils ne les quittent pas, et se laissent à peine voir à l'entrée. La martre des forêts est l'ennemie acharnée de l'écureuil ; elle l'attaque la nuit, le poursuit le jour d'arbre en arbre.

Quelques chasseurs le tuent à coups de fusil, malgré sa gentillesse ; d'autres le prennent pour l'attacher à une petite chaîne et en amuser les enfants, ou pour le mettre en cage ; emprisonné, il est toujours disposé à mordre, le manque de liberté le rend méchant.

Le *loir*, rat à queue d'écureuil, est un autre rongeur ; on le trouve dans l'Europe centrale ; il fait son nid dans le creux des arbres ou dans les fentes de rocher. Il dort tout l'hiver, comme la *marmotte*, autre rongeur qui vit en famille dans les montagnes de la Suisse, du Tyrol, de la Savoie. Lorsque ces petits animaux sortent de leurs trous, pour s'ébattre dans les prairies, plusieurs d'entre eux se placent en sentinelle, et, par un cri semblable à un coup de sifflet, préviennent de l'approche du danger : tous disparaissent aussitôt.

Le *lièvre* est encore un animal rongeur. Plus connu que la marmotte, il vit dans les forêts. D'un naturel poltron, il s'effraye au moindre bruit ; par une course rapide, il échappe quelquefois au plomb meurtrier du chasseur. Il est recherché pour la bonne qualité de sa chair et pour sa peau, qui sert aux chapeliers et aux pelletiers. Il se nourrit d'herbe, de choux, de navets ;

en hiver, il ronge l'écorce des arbres, et par là est nuisible aux plantations.

Le lièvre est aussi haut qu'un chat, mais plus long;
sa couleur est grise, seulement les poils du bas-ventre
et des cuisses sont blancs. Ses grands yeux ne sont
recouverts qu'à demi par les paupières, ce qui a donné
lieu de croire qu'il dort les yeux ouverts.

Les poils forts qu'il a au-dessus des yeux et sa longue moustache donnent presque un air martial à ce
faux brave, surtout lorsqu'il fuit l'ennemi éloigné, ou
que, dans une baraque de saltimbanques, on lui fait
battre du tambour ou décharger un petit canon; il a
alors le physique de l'emploi.

Le lièvre qui a les pieds de derrière très-longs, peut
courir en montant; mais il est obligé de descendre par
culbutes. En plaine, il échappe facilement, par son
agilité, à l'arrêt du chien de chasse.

Le *lapin*, plus petit que le lièvre, vient de l'Espagne; il s'est acclimaté et apprivoisé chez nous.

Les rongeurs les plus intéressants et les plus curieux
à étudier sont les *castors*. Leur adresse, leur activité
sont célèbres; avec leurs dents et leurs pieds de devant,
ils bâtissent comme d'habiles constructeurs. Au milieu
de l'été, ils s'assemblent en grand nombre pour construire leurs cabanes dans les parages marécageux,
voisins des forêts et très-éloignés des habitations de
l'homme, qu'ils redoutent. Ils ne travaillent que la
nuit. S'ils ont trouvé une place qui leur convient et où
l'eau se maintient à la même hauteur, ils élèvent sur
le rivage leurs maisons, après avoir eu soin, de peur

Les Castors. (P. 33.)

1ʳᵉ g. in-8.

que les eaux ne baissent, de former, plus bas que leur demeure, une grande digue en pierres, troncs d'arbres, branches, terre glaise; par ce moyen, l'eau, ne pouvant s'écouler, conserve toujours la même profondeur.

Leurs cabanes, très-solidement construites en bois, pierres, terre et sable, sont rondes ou coniques, à deux ou trois étages. L'extérieur en est propre. A l'intérieur, les planches sont couvertes d'un tapis de feuilles et de mousse, tenues avec grande propreté par les habitants. Chaque cabane a au moins deux entrées, dont l'une donne sur l'eau, l'autre sur la terre; c'est là qu'ils cachent leurs provisions d'hiver, qui consistent en branches de bois tendre dont l'écorce leur sert de nourriture. En Europe, ces animaux sont devenus très-rares, par suite des chasses fréquentes qu'on leur fait à cause de la valeur de leur peau.

On en trouve encore beaucoup au Canada et dans l'Asie tempérée, surtout sur les bords des rivières de la Sibérie; on les tue à coups de fusil, ou on les prend dans des piéges.

Un castor mesure, depuis la pointe du museau jusqu'au bout de la queue, un mètre environ, dont un tiers pour la queue seule.

Son corps est gros; les pieds de derrière le sont aussi; mais ceux de devant sont très-petits et munis de fortes griffes; les doigts des pieds sont palmés.

Sa queue, qui lui sert de gouvernail, est plate, arrondie au bout et couverte d'écailles. Sa couleur est d'un rouge brun brillant. Des chasseurs de castors qu'il est parmi ces animaux des paresseux qui ne veulent pas travailler à la construction des cabanes ; aussi sont-ils maltraités et chassés par les autres. Ces paresseux vivent alors ensemble par troupes de six à sept dans de simples creux, et se laissent facilement prendre dans les piéges.

6. — MAMMIFÈRES SANS DENTS, OU ÉDENTÉS.

L'ordre le plus singulier des mammifères est celui des édentés, animaux sans dents ou privés de certaines dents. Ces mammifères, stupides, paresseux, habitent toutes les parties du monde, excepté l'Europe. Le plus connu est le *bradype*, dont on raconte des choses fabuleuses. Il vit dans les forêts vierges de l'Amérique du sud, se nourrit de feuilles et de fruits d'arbre. On le voit rarement sur le sol, il ne quitte presque jamais les branchages entrelacés des forêts vierges, les longues griffes de ses pattes l'empêchant de marcher sur le sol.

Ses mouvements sont si lents qu'on lui a donné le nom de paresseux. On prétend qu'il lui faut plusieurs heures pour monter sur un arbre; qu'il ne le quitte jamais qu'après l'avoir entièrement dépouillé de ses feuilles; que pour s'éviter la peine d'en descendre, il se laisse tomber; ce qui est invraisemblable.

Les voyageurs modernes racontent que l'*unau* monte plusieurs fois par jour sur les plus grands arbres. Le plus paresseux de la famille est l'*aï*, nommé ainsi à cause de son cri lamentable.

Le *tatou*, a, comme la tortue, le haut du corps revêtu d'une carapace ; il vit dans les forêts et les plaines sablonneuses de l'Amérique du sud; il se nourrit non seulement d'insectes, de termites, de fourmis, mais de plantes et de cadavres d'animaux.

Il demeure avec ses petits dans des terriers qu'il creuse avec facilité. C'est un être excessivement stupide, recherché par les Indiens pour sa chair, qu'on fait cuire dans la carapace à défaut de marmite.

Le *fourmilier* est un genre remarquable du même ordre. De l'extrémité du museau à la pointe de la queue, longue de plus d'un mètre, il mesure jusqu'à deux mètres et trente centimètres.

A l'aide de ses longues griffes, il détruit les fourmilières; il étend sur les fourmis qui en sortent sa langue gluante et élastique, et la retire deux fois par seconde couverte d'insectes qu'il avale. Quand sa langue, de la forme d'un ver, est sortie entièrement pour la chasse aux fourmis, elle a cinquante centimètres de long. Sa chair est fort estimée des indigènes.

L'un des animaux les plus extraordinaires de la création est l'*ornithorhynque* (bête à bec d'oiseau) qui appartient au même ordre, et mesure de trente à quarante centimètres de long. Il habite l'Australie, dans des terriers, ordinairement creusés auprès d'une rivière ou d'un lac. Sa tête se termine en un large museau à forme de bec, recouvert, ainsi que les lèvres, d'une peau cornée. Il se nourrit d'insectes et de petites écrevisses; nage et plonge à merveille, et, comme les canards, secoue la tête en sortant de l'eau; il se gratte avec les pieds de derrière, ainsi que font les chiens.

7. — PACHYDERMES.

Dans les contrées à collines et à forêts, dans les montagnes boisées se rencontre un animal farouche et courageux qui devient de plus en plus rare par les chasses qu'on lui fait : c'est le *sanglier*. Sa chair est recherchée. Le *cochon*, qui lui ressemble, appartient à la même famille ; seulement, les broches ou défenses, qui sont une arme terrible pour le sanglier, ont disparu peu à peu dans le cochon. Les sangliers et les cochons se distinguent par le long bouttoir qui leur sert à fouiller le sol pour en tirer les racines et les tubercules dont ils se nourrissent. Ils vivent en troupes, restent le jour dans leurs bauges et ne sortent que la nuit, pour ravager les champs et les prairies. Quoique réduit à l'état domestique, le cochon doit être enfermé et surveillé ; il n'aurait jamais été apprivoisé par l'homme, s'il était moins utile. L'excellent goût de sa chair et de sa graisse nous font oublier qu'il se roule dans la fange et se nourrit souvent des débris les plus répugnants.

D'après Cuvier, le grand naturaliste, l'intelligence du cochon est égale à celle de l'éléphant, qui sous ce rapport n'est surpassé que par le chien. Les pieds du cochon ont quatre doigts, dont ceux du dehors, plus petits et plantés plus bas, ne touchent pas la terre ; chaque doigt est recouvert d'un sabot.

Le nom de pachyderme (animal à cuir épais) convient mieux à l'*hippopotame*, dont la peau, de plus de deux centimètres d'épaisseur, est si dure, qu'elle est à l'épreuve de la balle. Cet animal, qui pèse autant que quatre ou cinq bœufs, habite l'Afrique et se tient dans les grandes rivières; il marche et nage facilement dans l'eau.

Son corps difforme est porté sur des pieds courts et épais; sur terre, il a peine à traîner son ventre; il se nourrit principalement de plantes; doué d'une monstrueuse voracité, il fait d'immenses ravages dans les plantations voisines des fleuves.

Le *rhinocéros* est aussi un pachyderme de la même famille; sa peau le protége des griffes du tigre ou du lion. Celle de l'hippopotame sert à faire des fouets excellents; de celle du rhinocéros, les Indiens font des cannes, des boucliers. Il a sur le nez une corne. Il vit dans les Indes-Orientales. En Afrique on en rencontre une autre espèce qui a deux cornes sur le nez. La chasse de l'hippopotame et du rhinocéros offre les plus grands dangers; ils n'attaquent jamais; mais, provoqués, ils deviennent terribles.

Le troisième de ces pachydermes géants est l'*éléphant*. C'est un des animaux les plus curieux : sa hauteur étonne; il ne pourrait se tenir debout dans une chambre basse; un homme placé à côté de lui paraît être un enfant. Ses pieds ont la grosseur d'un tronc d'arbre, et de sa bouche sortent des dents pesant quelquefois 75 kilogrammes. Son nez, des plus curieux, se prolonge en une trompe puissante avec laquelle il fait des tours d'adresse merveilleux, tels que ramasser une pièce d'argent, tirer le bouchon d'une bouteille, en boire le contenu sans en laisser répandre une seule goutte, sonner de la trompette, talent musical que possèdent les éléphants dressés. Avec sa trompe, arme d'une force redoutable, il arrache les arbres et terrasse les plus grands animaux. L'éléphant a une force extraordinaire; il est prouvé qu'il fait crouler des murs et porte des poids de plus 2,000 kilogrammes.

Il est facile à comprendre qu'un tel géant (pesant jusqu'à 3,500 kilog.) doit avoir un énorme appétit; il consomme par jour 50 kilogrammes de foin, 25 d'autre nourriture, telle que pain, raves, pommes de terre; il boit 25 litres d'eau; et nous parlons des éléphants apprivoisés.

Les éléphants habitent les Indes et l'Ile de Ceylan; ils vont par bandes ravager les plantations de cannes à sucre, dont ils sont très-friands. Apprivoisés, ils sont des serviteurs utiles, mais dispendieux. Sauvages, on les chasse pour les tuer. Leurs grandes dents ou défenses sont, sous le nom d'ivoire, l'objet d'un important commerce; on utilise leur chair et leur peau.

8. — SOLIPÈDES.

Le plus beau de tous les mammifères est le *cheval*. Il vit à l'état sauvage, en grands troupeaux dans les savanes de l'Asie et dans les plaines fertiles de l'Amérique, mais n'a pas l'allure élégante des races apprivoisées : ses os sont saillants, son corps paraît difforme. Ce n'est que par les soins de l'homme qu'il devient noble et beau.

Et cependant combien nous voyons de chevaux qui

excitent en nous plutôt un sentiment de pitié que d'admiration! C'est que ceux-là sont surchargés de travaux,
et ne reçoivent guère qu'un peu de foin, une poignée
d'avoine pour pitance, puis, pour leur peine, des coups
de fouet que leur prodigue sans raison un maître
brutal. Mais regardez un cheval bien soigné! Nul
animal n'a été aussi superbement doué par le Créateur.

Solide sur ses jambes, comme s'il était coulé en
bronze, il possède l'agilité du chevreuil. Son pas est
sûr; il porte fièrement la tête; le front et le nez sont
bombés; ses yeux vifs, d'un noir éclatant, étincellent la
nuit, et reconnaissent l'ennemi au premier abord. Au
moindre bruit, ses oreilles se dressent en cornet, et
donnent par ce signe l'éveil à son cavalier. Sur son
cou tombe une soyeuse crinière; son poitrail est large,
arrondi; et à l'heure du péril il le présente noblement
à l'adversaire. Son corps reluisant repose d'aplomb sur
ses jarrets nerveux. Impatient dans l'attente, il creuse
le sol de son sabot qui a la dureté du fer; au signal de
son cavalier, il s'élance au galop avec la vitesse de
l'aigle, le cou tendu en avant : le sol fuit sous ses pas,
les arbres disparaissent à ses côtés comme des ombres,
sous ses pieds jaillit l'étincelle. A la vue du lion, il se
cabre avec fureur, et lui fend quelquefois le crâne d'un
coup de sabot. Avec le guerrier, il court au-devant de
l'ennemi, ronge son frein d'impatience, secoue sa
crinière, hennit d'ardeur. Les clairons sonnent, il
s'élance contre les armes étincelantes : il ne forme
qu'un corps avec son cavalier. Ferme comme un roc,
il reste au milieu de la fumée, du fracas, des volées de

mitraille; ni le bruit du combat, ni le sifflement des balles, ni les cris des blessés, ni les gémissements des mourants ne le font hésiter; son cavalier à terre, il se range de lui-même avec les combattants, et se précipite avec eux dans la mêlée.

En temps de paix, l'intelligent cheval sert le laboureur comme il a servi le guerrier; il traîne avec obéissance la voiture et la charrue; il porte le voyageur dans les sentiers des Alpes; dans les steppes glaciales de la Sibérie, il traverse avec lui les déserts sans fin. Toujours et partout, le cheval reste travailleur assidu, marcheur infatigable, coureur habile, fidèle et courageux compagnon. Depuis les temps les plus reculés, l'homme s'est attaché le cheval comme le serviteur le plus utile et le plus précieux.

Parmi les nombreuses races de chevaux, on remarque les races arabe, anglaise, française, russe, polonaise, danoise, allemande. Les plus petits chevaux se trouvent en Corse et en Ecosse; grands comme de petits ânes, ils ne peuvent souvent être montés que par des enfants.

L'*âne*, de même que le cheval, est un solipède, ou animal à sabot, mais moins beau; il n'a ni la vivacité, ni l'ardeur du cheval; cependant, ses qualités le rendent apte à servir l'homme; toujours humble, tranquille, soumis, il marche lentement, sans se heurter aux pierres du chemin, et porte son fardeau avec courage. Il se contente de chardons, d'herbes grossières, et malgré la nourriture la plus ordinaire, il reste patient et infatigable.

Le *zèbre*, un peu plus grand que l'âne, habite en troupeaux les forêts de l'Afrique ; agile à la course, il est farouche et difficile à dompter.

9. — RUMINANTS.

Plusieurs de nos animaux domestiques possèdent une faculté singulière, celle de remâcher les aliments qu'ils ont déjà absorbés.

Les herbes concassées par une première mastication, s'accumulent dans un premier estomac, ou *panse,* pour glisser dans un second, et de là remonter, détrempées, et comprimées en petites pelottes, vers la bouche pour être remâchées.

De là leur vient le nom de *ruminants.* On les appelle aussi *bisulces*, parce que leur pied se bifurque en deux doigts seulement entourés d'une substance cornée en forme de sabot. De tous les animaux, les ruminants sont ceux dont nous tirons le plus de parti : ils nous fournissent lait, viande, suif, cuir ; plusieurs servent de bêtes de somme ou de trait.

Les peuples de l'Orient ne pourraient se passer du *chameau* et du *dromadaire* qu'on appelle les vaisseaux du désert. Les Arabes et les Bédouins les tiennent en grand honneur. Les caravanes de chameaux chargés de poids énormes traversent des déserts immenses de sable brûlant. De plus, le chameau nourrit et vêtit son propriétaire ; son lait gras et savoureux, sa chair (surtout celle des jeunes animaux) alimentent toute une famille : de sa peau on fait des souliers, des harnais ; de ses poils, des vêtements, des tentes; ses excréments même servent de combustible dans les pays déboisés.

Le *lama* de l'Amérique du Sud ressemble beaucoup à un jeune chameau. Il a la taille du cerf. Au Pérou, il a été longtemps la seule bête de somme en usage.

Dans nos climats tempérés, la bête à cornes rend autant de services que le chameau dans les pays brûlants. La *vache*, le plus précieux des animaux domestiques, suffit presque à tous les besoins de l'homme. Elle nous aide à labourer nos champs, nous donne le fumier qui les engraisse; de son lait, nous faisons le beurre, le fromage. Sa chair nous nourrit. Tout en elle a son utilité : peau, poils, cornes, sabots, viande, graisse, os, tout se vend.

Aussi on la rencontre partout où l'homme s'établit, excepté dans les pays chauds et sablonneux de l'Arabie, où le chameau en tient lieu, et dans les régions septentrionales où le *renne* la remplace. Partout où la vache a pu s'acclimater, elle a suivi l'homme; elle est donc répandue sur toute la terre.

Le bétail à cornes prend différents noms, suivant son âge, son sexe : jusqu'à l'âge d'un an, il s'appelle veau; puis génisse, taureau, bœuf, vache. Les bœufs sont principalement destinés au trait, ou à l'engraissement et à la consommation.

Le *taureau sauvage* qu'on ne trouve plus que dans les forêts de la Lithuanie, est regardé comme le type originaire de notre bétail domestique.

Dans les pays montagneux, la *chèvre* remplace le lourd bétail; leste agile, elle grimpe mieux sur les

Le Cerf.   (P. 43.)

escarpements et rochers. Elle tire son origine de la
chèvre sauvage des montagnes de la Perse et des contrées environnantes. Dès le premier âge, on la voit
monter sur les tas de bois, de pierres, gravir les hau-
teurs d'où elle a peine à descendre, malgré sa témérité.
Elle n'a jamais ni peur ni vertige; elle passe tranquil-
lement sur le bord des abîmes les plus profonds, sans
que son pas perde rien de sa fermeté.

Le *chamois* et le *bouquetin* ressemblent à la chèvre,
et la surpassent encore en agilité et en intrépidité.

Le chamois habite les Alpes de la Suisse, de la
Savoie et du Tyrol, les Pyrénées et les Karpaths; il
paît en troupeaux plus ou moins nombreux dans les
prairies voisines des glaciers et des neiges éternelles.

Le bouquetin, qui habitait autrefois en petites troupes les Alpes, est devenu très-rare. Comme le chamois,
il saute avec une vitesse et une sûreté incroyables, de
rocher en rocher, de précipice en précipice. Sa chasse
offre autant de danger que celle du chamois; cependant le péril n'arrête pas les chasseurs courageux, qui
tiennent à honneur d'avoir tué un chamois ou un bouquetin. La peau et la chair se vendent un prix élevé.

Moins fatigante et moins périlleuse est la chasse aux
chevreuils, et aux *cerfs,* qui habitent nos forêts; ils
appartiennent également à la classe des ruminants.

La chair du chevreuil est recherchée.

Le *cerf,* de forme élancée, de haute stature, atteint
quelquefois la taille du bœuf, et pèse de 200 à 250 kilog.

Il est magnifique à voir quand il s'avance la tête
haute, le front décoré de cornes ramifiées, ou que,

poursuivi par les chasseurs et les chiens, il franchit l'espace avec la vitesse de la flèche; rien n'arrête son élan : ni la largeur d'un fossé, ni la hauteur des broussailles.

Tous les printemps, il perd son bois; dix semaines après, un nouveau, plus beau que l'ancien, a déjà repoussé.

Sa femelle, ou *biche*, n'a point de bois; les jeunes mâles n'en ont que dans leur deuxième année.

Le *chevreuil* est une petite espèce de cerf; son bois est proportionnellement beaucoup plus petit.

L'*antilope*, la *gazelle* ont de la ressemblance avec le cerf et le chevreuil; seulement, leur bois ne se renouvelle pas.

L'antilope habite l'Arabie, et a la taille du cerf. La gazelle vit en troupeaux nombreux dans l'Afrique du Nord, la Syrie, l'Arabie; elle a la forme et la grandeur du chevreuil.

Dans les montagnes du Thibet, on trouve un animal de la famille du cerf et de la grosseur du chevreuil : c'est le *chevrotin porte-musc*. Il n'a pas de cornes, mais de sa bouche sortent deux dents, plantées dans la mâchoire supérieure. C'est cet animal qui donne le musc, substance connue comme médicamment et comme parfum.

De même que les cerfs peuplent et animent les forêts, ces jardins de la nature, la *girafe* semble destinée à donner de la vie au désert. C'est le plus haut des animaux terrestres : du sommet de la tête jusqu'aux sabots des pieds de devant, sa hauteur atteint parfois sept mètres. Les Africains la tuent pour sa chair. Prise jeune, la girafe se laisse apprivoiser.

Nous devons encore mentionner un animal de la classe des ruminants; il ne se distingue ni par sa beauté ni par son intelligence; il est plutôt stupide, paresseux, lâche; cependant il est très estimable, en raison de sa très grande utilité : c'est le *mouton*, dont la toison procure de l'occupation et des vêtements à des milliers d'hommes. Sa chair est une nourriture saine; de sa peau, on fait du parchemin et du cuir; de ses boyaux, des cordes pour instruments de musique; de sa graisse, des chandelles et des bougies; son fumier est excellent pour l'agriculture.

Il tire son origine du *mouflon* ou mouton sauvage, qui vit sur les plus hautes montagnes de l'Asie, de la Grèce, ainsi que dans les îles de Sardaigne et de Corse.

Sa douceur, sa patience, sa bonté sont proverbiales, ainsi que sa naïve timidité. Un coup de fusil, un éclair, le grondement du tonnerre l'effrayent. C'est un animal faible, il ne peut supporter aucune fatigue; il aime la lumière et la musique, et les bergers assurent qu'il mange mieux quand il entend le son du chalumeau.

10. — PHOQUES ET MORSES.

Le *phoque* vit dans les mers du Nord. Il diffère essentiellement des mammifères terrestres. Ses pattes, en forme de nageoires, sont palmées. On l'appelle chien et veau marin, parce que sa tête et son cri offrent quelques ressemblances avec ceux de ces animaux. Il est

paisible, doux et curieux, mais aussi très-prudent et
vigilant; il nage avec adresse sur le ventre, sur le dos,
et revient tous les quarts d'heure à la surface de l'eau
pour respirer. Il ne reste sur la terre ou les glaces que
pour allaiter ses petits ou se reposer au soleil. Il est
aussi indispensable aux habitants du nord qu'à nous les
animaux domestiques. La chasse du phoque est la
principale occupation des Groënlandais ou Esquimaux;
ils cherchent à le surprendre sur le rivage, et le tuent
avec des lances, des harpons, ou en lui donnant un
coup sur la tête. Sa chair, quoique indigeste, est leur
principale nourriture; ils se servent de sa graisse pour
préparer leurs mets; ils l'emploient pour s'éclairer et
se chauffer pendant les longues nuits d'hiver. De sa
peau, ils font des vêtements; ils en recouvrent également leurs nacelles et leurs habitations. Ses os servent
à faire des outils. Les phoques sont innombrables. On
en tue chaque année des centaines de mille. Le *morse*
ne diffère guère du phoque que par les énormes
défenses dont est armée sa mâchoire supérieure.

11. — CÉTACÉS.

Tous les ans, des navires bien montés partent des
ports de l'Amérique, de l'Europe, principalement de
l'Angleterre, pour explorer les mers glaciales. Périlleuse entreprise! Que de navires perdus dans ces dangereux parages! que d'hommes victimes de leur amour
pour le gain, ou de leur témérité! Souvent le navire se
brise contre de gigantesques glaçons; d'autres, poussés

par le vent, se trouvent pris entre deux montagnes de glace : là aucun secours humain ne peut sauver l'équipage, il doit mourir de froid et de faim. Et cependant ces funestes exemples n'arrêtent point les navigateurs! Les uns s'exposent à tous les périls par amour de la science; d'autres, et c'est le plus grand nombre, par l'appât du riche butin qu'offre la *baleine.* C'est pour se livrer à cette pêche que des navires de toutes les nations sillonnent sans cesse les mers couvertes de glaces flottantes.

Une baleine se montre-t-elle, aussitôt un canot va à sa rencontre. Un matelot, placé sur l'avant, lance le harpon pointu sur le poisson géant; s'il est atteint, il plonge avec une rapidité effrayante; mais il revient à la surface de l'eau pour respirer; de nouveau on le frappe, jusqu'à ce qu'il ait cessé de vivre.

Alors on l'attache au navire; les matelots montent sur son dos pour en ôter la graisse, qui a de vingt-cinq à cinquante centimètres d'épaisseur. Une baleine de grandeur ordinaire fournit toujours vingt à trente tonnes, de 1,000 kilogrammes chaque, de graisse fondue.

Ses barbes, ou fanons, apprêtées et vendues, portent le nom de l'animal. Le poids d'une baleine va de 70 à 100 mille kilogrammes.

Les Groënlandais boivent l'huile de baleine et man gent la chair des petites; de sa peau ils font des vitres, de ses nerfs, du fil, et ses os leur servent à construire leurs barques.

La baleine et quelques autres animaux du même

ordre, tels que le *cachalot* et le *marsouin* étaient jadis considérés comme des poissons. Leurs caractères constitutifs les ont fait ranger au nombre des mammifères.

———

II. — OISEAUX.

Les oiseaux forment la seconde classe des animaux vertébrés. Ils ont le bec cornu, le corps recouvert de plumes, deux ailes, deux pieds à doigts et à griffes; le cou est long, les os creux et minces, le sang rouge et chaud. Leur organe digestif est le gésier. Comme demeure, ils se préparent un doux nid, dans lequel ils déposent leurs œufs qu'ils couvent; leurs petits reçoivent leurs soins et leur protection, jusqu'à ce qu'ils soient couverts de plumes et puissent chercher eux-mêmes leur nourriture.

Les oiseaux sont répandus sur toute la surface du globe. On les désigne d'après leur manière de vivre, sous les noms d'oiseaux sédentaires, de volée, ou de passage.

Les oiseaux sédentaires restent toute l'année au lieu qu'ils bâtissent leur nid; les oiseaux de volée ne font que voyager dans un rayon limité suivant les besoins de leur alimentation. Les oiseaux de passage émigrent d'une partie du monde à l'autre, à chaque saison.

L'utilité des oiseaux pour l'homme n'est pas aussi frappante que celle des mammifères. Ils n'en sont pas moins indispensables dans l'économie de l'univers : ils détruisent des quantités énormes d'insectes, de chenilles, de larves, de chrysalides; ils dévorent les bêtes mortes, détruisent les souris et autres animaux nuisibles; ils nous fournissent des œufs, des plumes, du fumier.

Leur chair est en général une excellente nourriture.

Quelques-uns nous charment par leur chant ou leur plumage.

Les oiseaux de proie et de marais sont seuls nuisibles, par les dégâts qu'ils font dans les basses-cours et la population des eaux.

I. — OISEAUX DE PROIE.

On désigne sous le nom d'oiseaux de proie ceux qui ont le corps robuste, les griffes et le bec crochus. On les divise en trois classes : *faucons, vautours, hiboux.*

Les faucons sont les plus courageux et les plus beaux de tous les oiseaux de proie; on compte parmi eux celui que l'on appelle le roi des oiseaux, *l'aigle.* Continuellement en guerre avec les autres grands oiseaux et les mammifères, il s'élance du haut des airs, fond sur son ennemi, le saisit avec ses serres puissantes, l'enlève et l'emporte dans son aire, toujours bâtie au haut d'un rocher inabordable ou dans une de ses cavités. Cette aire ou nid est artistement construite en branches, bâtons, etc.

Citons en première ligne *l'aigle impérial*, qui a jusqu'à trois mètres d'envergure, les ailes étendues; il a

plus d'un mètre de haut, et son poids est de 9 à 10 kilogrammes ; la femelle n'en pèse que 6. Son bec crochu,
ses griffes noires, longues et pointues, sont des armes
terribles avec lesquelles il attaque et tue les jeunes
cerfs, les lièvres, les dindes sauvages et autres gros
oiseaux. Lorsqu'il plane dans les airs en décrivant des
cercles de plusieurs kilomètres, ses yeux surveillent la
terre pour y chercher une proie, sur laquelle il fond
avec la rapidité de la foudre aussitôt qu'il l'a découverte.

Son plumage est brun foncé, mêlé de rouille, à reflets
d'or. Ses grands yeux étincelants sont entourés de
cercles jaune d'or. Il habite l'Asie du nord, l'Amérique
septentrionnale, l'Allemagne, la Suisse.

L'*aigle royal* vit en Turquie et au nord de l'Afrique.
De même que l'aigle impérial, c'est un voleur prudent,
courageux, terrible.

Les aigles deviennent très-vieux ; à Vienne (Autriche), il en mourut un en 1789 qui avait été pris cent
quatre ans auparavant.

Les *faucons* proprement dits sont plus petits, plus
faibles, mais aussi fiers, aussi indépendants que
l'aigle.

Le *faucon-gentil* est élancé, beau et robuste. Autrefois, cet oiseau était dressé pour la chasse ; aujourd'hui,
le fusil et la carabine nous rendent le même service
d'une manière plus sûre. Comme l'aigle, le faucon
élève son vol jusqu'aux nuages et fond sur sa proie
avec la vitesse de l'éclair ; il s'abat sur elle perpendiculairement, et remonte dans les airs en l'emportant.

Il bâtit son nid sur les rochers inaccessibles de l'Islande, du Groënland et de la Sibérie ; pendant les hivers rigoureux, il vient quelquefois dans l'Allemagne septentrionale.

Il est reconnaissable à son plumage gris brun, qui pâlit de plus en plus, et devient tout à fait blanc lorsque l'oiseau est vieux.

La *crécerelle*, de la grosseur d'un pigeon, a le haut du corps tacheté de noir, rayé d'un rouge clair-rouille ; le bas, à taches brunes, à raies blanches et rouges. C'est un des plus jolis oiseaux de proie. Il est commun en France et en Allemagne ; il aime les forêts, les montagnes rocheuses, les vieux châteaux, les ruines, les hautes tours et même les parcs des villes. Oiseaux, souris, grenouilles, serpents, lézards, sont sa proie ordinaire ; on en a vu casser une vitre pour attraper dans sa cage un canari.

Parmi les faucons, l'espèce la plus paresseuse et la plus lâche est le *milan,* qui fait souvent des ravages dans nos basses-cours.

Les *vautours,* lâches et stupides, n'attaquent jamais les autres animaux ; ils ne se nourrissent que de corps morts, sauf le *condor* et le *vautour des agneaux.* Le premier, quand la faim le presse, attaque l'animal vivant ; le second cerne, harcelle sa proie, la fait tomber dans un précipice, et dévore son cadavre broyé.

Le *condor* habite l'Amérique du Sud. Le vautour, est le plus grand oiseau de proie de l'ancien monde. Il ne se trouve que rarement dans les régions montagneuses et désertes des Alpes, de la Suisse et du Tyrol.

Le *vautour gris* habite les montagnes de l'Europe

méridionale. Il est reconnaissable au collier de plumes qui entoure son cou pelé.

On désigne les faucons et les vautours sous le nom général d'oiseaux de proie diurnes, pour les distinguer des oiseaux de proie nocturnes ou *hiboux*, qui habitent le creux des arbres, les ruines, les vieilles tours, et qui, par leur respiration bruyante, effrayent les gens superstitieux.

Volant sans bruit, ils sortent de leurs trous à la faible clarté du crépuscule ou au clair de lune, pour manger des oiseaux, des souris, des insectes. Ils avalent os, poils, plumes, qu'ils rendent sous forme de boules. Ils traînent dans leurs trous ce qu'ils ne peuvent dévorer et le garde pour les nuits où ils ne peuvent se livrer à la chasse.

Le *grand-duc* ou *strix bubo* est le plus grand des hiboux; il a des touffes de plumes derrière les oreilles; il fait son nid sur les vieux arbres, dans les fentes de rochers, les ruines et les montagnes boisées. Son cri lugubre, *phuphuphu,* a donné lieu sans doute à la légende du chasseur nocturne. En Allemagne, le cri d'un autre hibou, l'*effraie,* a fait naître une croyance superstitieuse : son cri, *kuimist,* ressemble à *komu mit,* venez avec moi. Les gens stupides croient que c'est un appel aux malades du voisinage; c'est pourquoi on le nomme *leichenhuhu,* poulet de cadavre.

Le *hibou voilé* est le plus beau de tous; le *hibou-moineau,* le plus petit, vole aussi le jour, mais aussitôt il est poursuivi par tous les oiseaux comme il arrive au reste à tous les oiseaux de nuit. Les corbeaux surtout chassent le hibou qui ose s'aventurer de jour; ils s'assemblent autour de lui, le taquinent, le harcellent; le hibou ne se défend qu'en hérissant son plumage, en faisant craquer son bec avec des contorsions burlesques.

2. — OISEAUX GRIMPEURS.

Dans les forêts, nous entendons parfois comme le bruit de la cognée sur l'arbre; nous croyons trouver un bûcheron à son travail; nous avançons doucement et nous voyons un oiseau qui, à l'aide de son bec, long et fort, frappe le tronc d'un arbre pour en faire tomber l'écorce. De temps à autre son cri, *glueglue*, retentit, puis il s'envole aussitôt qu'il se voit observé. Cet oiseau est le *pic* qui habite nos forêts et nos bois. D'après sa couleur, on le désigne sous le nom de pic noir, pic bigarré, pic vert. Le pic ne frappe les arbres que pour en faire sortir les insectes cachés sous l'écorce; il étend sa langue gluante et avale cette proie bien gagnée; si les insectes ne sortent pas des fentes, il y introduit sa langue armée d'un hameçon, et le ver ou la larve s'y suspend. Pendant qu'il se livre à ce travail, le pic vole autour du tronc, y grimpe rapidement, grâce à ses pattes armées de griffes affilées et crochues; sa queue, forte et élastique, lui sert de point d'appui pour frapper contre les arbres.

Lorsque la neige couvre les forêts et le givre les arbres, il vient dans nos jardins chercher les insectes des arbres fruitiers.

Le *coucou*, par la structure de ses pattes analogues à

celles du pic, est rangé dans le même ordre ; le bec est
plus courbé, la queue plus longue ; son plumage est
couleur cendre foncée, sa queue noire tachetée de
blanc. C'est à la mi-avril qu'on le voit dans nos forêts ;
le mâle annonce sa présence par son cri qui lui a fait
donner ce nom ; la femelle ne fait que croasser. Tous
les deux repartent en août.

Cet oiseau présente cette singularité qu'il ne se fait
pas de nid ; il dépose ses œufs dans les nids des autres
oiseaux, tels que fauvettes, hochequeues, rossignols ; il
leur laisse couver ses œufs et nourrir ses petits, qui,
devenus forts, jettent hors du nid, pour avoir plus de
place, toute l'autre nichée.

Les *perroquets* appartiennent aussi à l'ordre des
grimpeurs ; on les tient en cage comme oiseaux d'agrément. Ils font de burlesques mouvements : ils apprennent à dire quelques mots, à pleurer, à éternuer, à
tousser, à aboyer comme les chiens, à miauler comme
les chats ; ils se mettent facilement en colère, sont très-
méchants, et l'on doit se garder de leur bec crochu. Ils
viennent de la zone torride.

L'*aras* et le *cacatoès,* se trouvent souvent dans les
ménageries. Le *toucan* et le *perroquet à corne* se distinguent par leur bec extraordinairement grand ; celui du
dernier est orné d'une corne.

5. — PASSEREAUX OU OISEAUX CHANTEURS.

Au commencement du printemps, la nature se pare
de couleurs variées et éclatantes ; les oiseaux que les

rigueurs de l'hiver avaient chassés reviennent peupler
nos bois, nos prairies, et les animer par leur chant
mélodieux ; du matin au soir s'élève dans l'azur du ciel
le doux chant de l'alouette : quelles suaves et délicieu-
ses mélodies nous fait entendre le rossignol dans les
nuits du printemps ! Le gazouillement de mille autres
oiseaux ne sort-il pas de toutes les broussailles, de
chaque arbre fleuri ?

Nous aimons les oiseaux chanteurs, qui sont un des
grands ornements de la nature ; ils sont très-utiles en
détruisant une foule d'insectes : c'est donc une action
coupable de prendre leurs œufs, de détruire leurs nids.
On les force par là à s'enfuir dans les pays où les hommes les inquiètent moins. Nous sommes privés de leur
chant harmonieux, et les fruits des arbres, rongés par
les insectes, nous font défaut.

D'après toutes les apparences, les oiseaux vivent
heureux. Avant de sortir de l'œuf, leur berceau est
préparé ; leur père et leur mère veillent sur eux et
pourvoient à leurs besoins. Quand leurs ailes sont assez
fortes pour les porter, ils se livrent eux-mêmes à la
chasse aux insectes ; à la mue, ils deviennent maladifs,
se cachent dans les broussailles jusqu'au renouvelle-
ment de leur plumage.

A chaque être ont été départis des dons différents : à
la simple fleur le doux parfum, à l'oiseau au plumage
triste la voix mélodieuse.

Le *rossignol*, le virtuose par excellence des oiseaux
chanteurs, ressemble au moineau par sa couleur ; les
alouettes et les *fauvettes*, ces musiciennes admirées du

laboureur sont d'un gris terne. Le *rouge-gorge* n'est
pas remarquable par son plumage, marron en haut du
corps, blanchâtre en bas, rouge au front, au cou, à la
poitrine ; mais son chant est des plus agréables, et il est
si gai, si plein de gentillesse, qu'on aime à le retenir
en cage.

Le *roitelet* est vêtu de brun de deux nuances, foncé
à la partie supérieure du corps, plus clair en dessous.
Vif, gai, charmant par sa petitesse, tantôt il se perche
au sommet d'une maison, tantôt sur la cime d'un
arbre ; ou bien il se glisse rapidement à travers les
broussailles et les haies les plus épaisses. Son plumage,
très-fourni, le garantit du froid ; en hiver, il reste dans
nos climats ; et son chant nous charme d'autant plus
que nous sommes privés de celui des autres oiseaux,
qui sont partis, ou que le froid et la faim rendent
silencieux.

Les *merles,* au plumage sombre, au bec jaune, tiennent aussi une place honorable parmi les oiseaux
chanteurs.

Le merle noir plaît généralement par le chant flûté,
qu'il fait entendre du matin au soir dans les forêts ou
dans les broussailles. Malgré sa timidité, il se plaît
dans le voisinage des lieux habités.

Les *mésanges* se font remarquer par leur charmant
plumage, par leurs allures vives, pétulantes, coura-
geuses.

La *mésange charbonnière* a la tête à demi couverte
d'un capuchon noir dont les bouts, formant menton-
nière, courent le long du corps. Elle ne fait entendre

qu'au printemps son chant qui est des plus agréable.

Oiseau querelleur, elle fend à coups de bec la tête aux petits oiseaux pour en arracher la cervelle; elle fait aussi la guerre aux abeilles, dont elle est friande.

Le *bec-croisé* chante moins bien moins que les genres précédents; mais il se fait entendre en hiver, alors que tous les oiseaux se taisent. Il habite les régions septentrionales des deux continents.

Le plumage du *chardonneret* est remarquable par les nuances diverses qui le composent; vert, rouge, jaune, noir, blanc. C'est ce qui a fait raconter qu'au jour de la création, venu trop tard, il a été peint avec les restes de couleurs demeurés sur la palette divine. C'est un vrai plaisir d'entendre son chant et de le voir sautiller à travers nos jardins. Il n'a pas peur des hommes, et son nid de mousse, de laine, de chardon ou de poils est le plus souvent placé sur les arbres dans le voisinage des habitations.

Le *pinson*, le *serin*, le *linot*, le *bouvreuil* et le *canari*, de même famille, ont des couleurs moins variées, mais chantent aussi d'une manière remarquable.

Outre les oiseaux chanteurs, on range dans l'ordre de passereaux quelques espèces qui ne font que gazouiller ou croasser, mais dont le corps présente la même structure et la même organisation.

Nous en citerons plusieurs.

Le *jaseur* est un moineau indolent, au gazouillement perpétuel, qui lui a valu son nom. Il habite le Nord, et émigre quelquefois pendant l'hiver dans nos climats.

Le *colibri* et l'*oiseau-mouche* peuplent de leurs in-

nombrables légions l'Amérique équatoriale. Leur petitesse, leur brillant plumage, leur grâce et leur vivacité
les ont fait surnommer les bijoux de la nature.

La *huppe* est un oiseau très-original. Sa tête est
ornée de deux touffes de plumes. Son chant se reduit à
un simple cri.

Les *moineaux* par la forme du corps se rapprochent
des pinsons; ils sont si communs qu'il est inutile de les
décrire. Ils valent mieux que leur réputation; car s'ils
nuisent à nos champs de blé, en revanche ils détruisent
les chenilles de nos arbres fruitiers.

Les *hirondelles* sont aussi partout connues et rendent
de grands services par le nombre incalculable d'insectes
qu'elles détruisent. Elles quittent nos climats chaque
hiver pour revenir avec le printemps.

Les *étourneaux*, autres oiseaux voyageurs, bâtissent
leurs nids dans des arbres creux ou sous les toits des
maisons; ils apprennent à chanter, à siffler et même à
dire quelques mots.

Les *corbeaux* n'ont pour chant qu'un croassement
enroué; ils rendent service en détruisant les larves des
hannetons, les vers, les souris. Il y en a de plusieurs
genres.

La *corneille* est toute noire; le *freux* a des reflets
violets. Le *corbeau noir* est d'un noir brillant; il passe
pour l'un des volatiles les plus intelligents; il peut être
apprivoisé et passe pour apprendre à parler. Le *choucas*,
d'un gris noir, se distingue des précédents par son cri :
klak, klak.

La *pie* est noire, avec flancs et ventre blancs. Elle

est nuisible en ce qu'elle extermine les jeunes couvées, œufs et oisillons, et même la jeune volaille des basses-cours. Comme tous les corbeaux, elle a l'habitude de dérober tous les objets brillants qui sont à sa portée.

Le *geai*, par son p'umage gris ardoisé, avec taches bleues sur les ailes, est un des plus beaux oiseaux de nos forêts. Il se fait remarquer par son cri, *raitch*, *raitch*. Il est susceptible de s'apprivoiser. On lui apprend à imiter toute espèce de cris ou de sons.

4. — PIGEONS.

Dans les forêts des régions occidentales de l'Amérique du Nord, on rencontre des surfaces d'une lieue d'étendue, où les arbres sont entièrement dépouillés de leur feuillage, les broussailles détruites, et où le sol, jonché de branches cassées et recouvert d'une épaisse couche d'excréments, n'offre aucun vestige de végétation. C'est le lieu de rendez-vous des *pigeons voyageurs*, qui, par millions, parcourent les Etats-Unis pour y chercher des faînes, du gros blé, des airelles. Lorsque dans les alentours il ne reste plus rien à récolter pour eux, ils émigrent à soixante et quatre-vingt milles de là, et, bien repus, ils rentrent le même jour au lieu du rendez-vous. L'endroit où ils couvent occupe encore plus d'étendue que celui où ils se réunissent; chaque arbre a autant de nids que les branches en peuvent porter. Les Indiens regardent ces immenses pigeonniers comme un véritable bienfait, et viennent de grandes distances armés de fusils, de bâtons, de perches, de pots de soufre pour tuer les oiseaux ou pour dévaliser les nids. Les petits sont si gras qui on en fait fondre la graisse pour les besoins du ménage. Le Créateur, en les douant d'un vol si rapide, leur a donné l'instinct de ne s'étendre que sur les parties du monde non habitées; s'il en était autrement, ils mourraient de faim, ou consommeraient tous les produits de nos champs.

Nos pigeons, qui comptent plus de cent variétés différentes, tirent leur origine du *pigeon de roche* de l'Europe méridionale. Moins destructeurs que les pigeons voyageurs, **ils** feraient cependant de grands dégâts dans nos champs, si on ne les enfermait pas à l'époque des semences. Si l'homme en a fait un animal domestique, c'est plutôt pour leurs formes gracieuses, leur propreté, leur douceur, que pour leur utilité.

Le plumage de quelques-uns est gris, rouge, bleu, blanc et noir. Tous les genres de pigeons sont de grandeur moyenne et de forme élancée et robuste; ils ont un large jabot dans lequel ils laissent macérer les graines dont ils nourrissent leurs petits. Ils boivent en suçant et plongent dans l'eau le bec jusqu'à la racine, au lieu que les poules puisent l'eau avec leur bec, et l'avalent en levant la tête en l'air.

Le *ramier* est le plus gros des pigeons sauvages. Il habite dans les forêts, surtout dans celles d'arbres verts, et fait sa demeure suivant la saison tantôt dans la plaine, tantôt dans les montagnes. Il vole en troupe pendant l'hiver.

La *tourterelle* est plus petite. C'est aussi un oiseau de

passage qui nous quitte en septembre pour revenir en avril. Elle vit dans les bois, se nourrit de grain. Le chasseur la recherche pour sa chair délicate et lui fait payer de la vie ses méfaits. Elle vit par couple. Sa voix gémissante, la douceur de ses mœurs, son amour pour sa couvée, l'ont fait considérer depuis les temps anciens, comme le symbole de la tendresse et de la fidélité conjugale.

5. — GALLINACÉS.

De tous les oiseaux domestiques, le plus précieux pour nous est certainement la *poule*. Elle est plus sobre, plus sédentaire que le pigeon, sa chair est plus délicate ; ses œufs surtout sont une ressource inappréciable.

Chez le mâle ou *coq* le plumage affecte des nuances variées, vives, magnifiques; celui de la femelle est plus simple, généralement sombre.

Voyez notre coq domestique au milieu des poules de la basse-cour; par sa démarche imposante et altière, ne semble-t-il pas pénétré de sa toute-puissance sur ses humbles sujettes? L'élégance de sa longue queue en panache, l'ardente couleur de sa crête augmente encore sa gloriole. En chantant, il bat des ailes; s'il entend le chant d'un autre coq, il le provoque par son cri, et s'avance prêt à combattre celui qui ose essayer de pénétrer dans son empire, car, ici, il est seul souverain maître.

On dit le coq originaire du Japon. Répandu sur tout le globe, il présente une grande variété d'espèces.

Depuis le milieu du xvie siècle, le *dindon* ou *coq de l'Inde* est acclimaté dans nos pays. Il vient de l'Amérique. Son plumage est d'un vert brun à reflets de cuivre; dans l'état domestique, il a pris différentes nuances. On l'engraisse pour l'excellence de sa chair. Il est stupide, querelleur, et n'aime ni le rouge, ni les coups de sifflet. Les enfants doivent se garder de l'exciter; quand il est courroucé, il devient dangereux.

C'est ordinairement quand il est en colère qu'il fait la roue comme le *paon*, gallinacé originaire des Indes Orientales, oiseau superbe, qui fait l'ornement des grandes basses-cours et des jardins.

Lorsqu'on le regarde, il se donne en spectacle; il déploie avec orgueil sa queue en roue, pour en faire admirer toutes les beautés. Il est très-emporté, méchant même; il frappe à coups de bec les animaux, les poules, quelquefois même les enfants.

Le *faisan* appartient à la même famille; il vient de l'Asie; il se laisse peu apprivoiser; mais comme c'est un gibier recherché, on l'élève à grands frais dans des établissements, nommés faisanderies, pour le lâcher ensuite dans des parcs réservés.

Les *gélinottes* et les *perdrix* sont également un excellent gibier, recherché des gourmets et des chasseurs.

La perdrix ne se trouve que dans les champs de blé et les broussailles, jamais dans les forêts; elle a la grosseur d'un poulet de six mois. Chaque couvée vit en compagnie de quinze à vingt individus jusqu'au printemps, ou plutôt jusqu'à ce qu'elle ait été décimée. On ne la chasse qu'en automne, époque où les jeunes perdreaux sont suffisamment développés.

La *caille*, d'un brun plus clair que la perdrix, est le seul gallinacé voyageur. Dans certains lieux de passage on la prend au filet. Sa chair est l'un des mets les plus exquis que l'on serve sur nos tables. Quand on enferme le mâle en cage pour jouir de son chant, il ne peut supporter la captivité, et se brise la tête contre les bareaux de sa prison.

Le *coq de bruyère* habite à demeure les grandes forêts de pins et de sapins du centre et du nord de l'Europe; c'est un fort bel oiseau, mais nuisible aux arbres, dont il mange les bourgeons au printemps, il vit de baies, d'herbes, d'insectes dans les autres saisons.

Le coq de bruyère, prudent, craintif et vigilant, est d'une approche difficile; il se retire toujours dans les plus profondes solitudes. On chasse les jeunes pour leur chair, qui est excellente.

Depuis plusieurs années, on voit dans nos basses-cours une espèce de gallinacés d'une grandeur extraordinaire. Ces hôtes nouveaux nous viennent de la Cochinchine. En 1848, les premiers furent offerts à la reine d'Angleterre. Dans les premiers temps de leur importation en Europe, on le vendait au prix fabuleux de quatre cents francs le couple. Répandus peu à peu en France et en Allemagne, ils ne sont plus nulle part une rareté. Leur chair, tendre et savoureuse, est recommandée comme saine et légère. Ces poules don-

nent un tiers d'œufs de plus que celles de l'ancienne
espèce, qui cependant offrent autant d'avantages, par
suite de leur plus grande sobriété. Les *poules cochinchinoises* conviennent dans les grandes fermes, où elles
trouvent une nourriture abondante sur les fumiers, et
peuvent courir dans les champs. Un coq adulte pèse
six à sept kilogrammes. Son chant est si éclatant,
qu'on l'entend à une demi-lieue à la ronde. Les poules
cochinchinoises ont moins de grâce dans leurs formes;
leurs pattes sont trop fortes, leur plumage trop uniforme, jaune cuir ou rougeâtre; il y en a aussi de
toutes blanches et de brun foncé; leurs œufs, de couleur nankin, à coquille épaisse, sont plus gros que ceux
de nos poules indigènes.

6. — ÉCHASSIERS.

L'autruche, le plus grand des oiseaux, habite dans
les parties les plus chaudes, les plus solitaires de
l'Afrique ou au bord des déserts de l'Arabie. Elle ne
peut voler, mais sa course est plus rapide que celle du
cheval le plus agile. Sa taille dépasse deux mètres et
son poids 40 kilogrammes. La timidité et la douceur
sont les traits les plus saillants de son caractère. Elle
se laisse facilement apprivoiser et même dresser pour
servir de monture. Elle vit d'herbages, mais elle avale
aussi des pierres, du cuivre, du fer, pour faciliter sa
digestion, comme les autres oiseaux avalent du sable.
Elle prend les plus grandes précautions pour cacher
son nid, n'en approche jamais directement, mais en

L'Autruche. (P. 64.)

1ro g. in-8.

faisant des détours. Le nid forme dans le sol une cavité entourée d'un rempart de terre; il contient jusqu'à trente œufs, et chaque œuf, pesant un kilogramme et demi, offre l'équivalent de vingt-quatre œufs de poule; ces nids sont, pour les Africains, une précieuse ressource : tous les deux ou trois jours, ils vont prendre ce qu'il leur faut pour leurs besoins. Ils doivent agir avec prudence, car si l'autruche s'aperçoit qu'on lui enlève ses œufs, elle détruit son nid, et fait sa couvée ailleurs.

Les Arabes se servent des coques de ces œufs pour faire des gobelets, des tasses, des bols. Les plumes de la queue et des ailes servent à orner la coiffure des dames.

L'Amérique méridionale possède aussi une espèce d'autruche qui n'est ni sauvage, ni timide, et se laisse prendre au lacet.

Le *casoar*, au corps plus robuste et à pieds plus courts que l'autruche, est un animal sauvage et fougueux. Il grogne comme le cochon, et se défend à coups de pieds et de bec. Ses plumes ressemblent au crin du cheval; ses ailes sont extrêmement courtes. Ses œufs aussi gros que ceux de l'autruche, sont plus délicats; sa chair passe pour être exquise.

A côté de ces échassiers, dits *curseurs*, se placent un certain nombre d'espèces, qui ont aussi, proportionnellement à leur grandeur, les pattes excessivement développées et peuvent ainsi sans mouiller leur plumage, sans embourber leur corps, marcher dans la fange la plus profonde et chercher leur nourriture sur le bord des eaux ou dans les endroits couverts de limon. Grâce à la longueur de leur bec et de leur cou, ils saisissent lestement les petits animaux aquatiques.

Tels sont les hérons et les cigognes.

Le *héron cendré,* qu'on trouve dans toute l'Europe, habite près des rivières, des lacs et se nourrit de poissons.

Il est gris cendré bleuâtre et le bas du corps blanc. L'avant-cou est orné de trois rangs de taches noires, et la partie postérieure de la tête d'une touffe de plumes noires. Les hérons font leur nid sur des arbres élevés ou sur le flanc des rochers. Ce sont des oiseaux de passage qui ne séjournent en Europe que de mars ou avril jusqu'au mois d'août.

La *cigogne blanche,* haute de un mètre à un mètre vingt, est l'un des plus grands oiseaux de nos climats. Son plumage est d'un blanc sale, ses ailes noires. La *cigogne noire* habite l'est de l'Europe; son plumage est noir brun.

C'est un spectacle curieux que de voir la cigogne traverser majestueusement les prairies marécageuses en embrochant avec son bec rouge les serpents, les poissons, les grenouilles et les lézards; elle mange aussi des souris, des taupes; aussi l'attire-t-on dans les villages en plaçant sur le sommet d'une haute maison une roue ou croix de bois. C'est là que la cigogne, en compagnie de sa femelle, bâtit son nid. Elle se tient tantôt sur une patte, tantôt sur les deux, en regardant gravement en bas ou en faisant claquer son bec si bruyamment qu'on l'entend au loin. Tous les ans les cigognes reviennent où elles se sont établies une fois. Le mâle arrive le premier; s'il trouve son nid endommagé, il le répare avec des branches sèches. Alors vient la femelle, qui, peu de temps après, pond de deux à cinq œufs, couvés par tous les deux, chacun à son tour, pendant trois semaines. Si les petits n'ont plus assez de place dans le nid, le plus faible est poussé dehors, et se tue en tombant à terre.

Avant leur départ annuel pour l'Afrique, elles se rassemblent pour essayer leurs forces et se passer en revue; on dit qu'elles tuent les jeunes et les vieilles qui ne pourraient supporter les fatigues du voyage.

L'*ibis*, au bec long, un peu arqué, ressemblant aux hérons et aux cigognes, est célèbre par le culte que les Égyptiens lui rendaient; ils le mettaient dans leur temple et l'adoraient à cause de son utilité. Il en était de même des Mongols et des Kalmouhs pour les *grues* qui habitent en été les grands marais du nord de l'Europe, et en automne se dirigent par grandes bandes, en poussant des cris, vers l'Afrique et l'Asie méridionale.

Tous les échassiers n'ont pas le bec et les pieds aussi longs que ceux que nous venons de citer. Dieu a pris soin de former chaque espèce d'après le genre de nourriture qu'elle doit chercher. Ainsi la *grande outarde*, à pieds robustes et hauts, est pourvue d'un bec analogue à celui des poules, parce qu'elle se nourrit de graine. Cet oiseau, le plus grand de nos oiseaux terrestres, se tient habituellement dans les plaines découvertes, vit par troupe, et occasionne quelques dégâts dans les champs cultivés. Comme le coq d'Inde, auquel il ressemble, le mâle fait la roue avec sa queue; il se distingue de la femelle en ce qu'il est plus gros.

La *bécasse* a les pieds courts, mais le bec assez long; elle cherche les vers, les insectes dans les forêts marécageuses, auprès des eaux. Elle est de passage pendant tout l'hiver, elle va seule ou par paire; à sa venue dans nos pays, on la chasse et on la recherche comme un excellent gibier.

Le *vanneau,* au bec court, a les pieds très-légers; c'est un habile coureur à travers les prairies marécageuses, où il niche : il se distingue par son gracieux plumage noir; c'est un oiseau voyageur.

La *poule d'eau* se reconnaît pour une habile plongeuse et nageuse à ses pieds demi palmés. Elle vole mal, court rapidement, mais on la voit plus souvent sur l'eau. Elle fait son nid dans les roseaux, au bord des lacs, des étangs, des rivières. Elle vit d'insectes aquatiques, qu'elle récolte en becquetant, comme la poule domestique.

7. — PALMIPÈDES.

Nous voyons souvent sur nos lacs et nos étangs, un oiseau dont l'éclatante blancheur, les gracieux mouvements, la forme élancée éveillent notre admiration. C'est le *cygne.* Il glisse majestueusement sur les eaux, sans que l'action de ramer nuise à l'harmonie de l'ensemble. Ses ailes légèrement soulevées, semblent les voiles d'un navire enflées par le vent; chaque courbe onduleuse de son cou revèle une grâce. Tout en lui est

Le Canard. (P. 68.)

dignité, attrait, charme; sa présence ajoute au paysage qu'elle anime un air de calme et de paix.

Les cygnes domestiques tirent leur origine du cygne sauvage ou chanteur qui fréquente les mers orientales de l'Europe, principalement la mer Caspienne et la mer Noire. En été il habite le nord; en hiver il redescend vers les eaux méridionales; en voyage il fait entendre sa voix retentissante qui a les sons du trombone, et s'entend d'aussi loin que les cloches. Les cygnes, de même que les *canards* et les *oies* vivent sur l'eau où ils cherchent leur nourriture; leurs pieds palmés, c'est-à-dire dont les doigts sont reliés entr'eux par une membrane, leur tiennent lieu de rames. Ils ne sont d'aucune utilité, mais embellissent les lieux où ils se trouvent.

Notre *oie domestique* est un trésor; sa chair, ses œufs, sa graisse, ses plumes font la fortune et la joie des ménagères. Elle vient de l'*oie grise* ou *sauvage*, qui habite les grands marécages du centre et du nord de l'Europe. En hiver, elle émigre vers le sud en troupeaux réguliers.

Notre *canard domestique* provient du *canard sauvage* qui quitte en hiver les contrées septentrionales pour envahir nos marais et nos étangs. Le chasseur l'attend comme un excellent gibier. La *macreuse,* qui couve dans nos étangs et l'*eider,* qui fournit le duvet précieux connu sous le nom d'*édredon,* appartiennent à la même famille que le canard.

Le *pélican* a sous le bec une espèce de poche, dans laquelle il conserve les poissons qu'il a pêché, pour les

6

manger un à un. Il habite la Moldavie, la Valachie.

Le *plongeon* habite le nord; on emploie comme fourrure le plumage de son col.

Le *pingouin* vit également dans les mers glaciales; il nage avec une incroyable vitesse. Sur terre, on le prend facilement, car il lui est impossible de fuir : ses pieds sont tellement en arrière, qu'en marchant, le poids du corps le fait tomber en avant; il ne se tient debout qu'à l'aide de sa queue qui lui sert de point d'appui; ses ailes très-petites, à plumes très-courtes ressemblant à des écailles, sont impropres au vol, et remplissent plutôt l'office de nageoires.

Les *macareux* ressemblent aux pingouins. Bien que leurs ailes soient plus longues, ils ne peuvent que nager et marcher. Ils habitent par bandes les mers du nord; ils pondent dans les trous de rochers; les habitants des côtes recueillent leurs petits œufs, qui passent pour fort délicats. Un genre de macareux, connu sous le nom de *perroquet de mer,* gros comme un pigeon, a beaucoup de rapports avec le perroquet dans ses allures.

Les *goëlands, mouettes* et *hirondelles de mer* appartiennent encore à l'ordre des palmipèdes, bien que leurs ailes longues et fourchues indiquent qu'elles sont destinées à vivre plutôt dans les airs que sur l'eau.

Le vol des *oiseaux de tempête* est infatigable.

L'*hirondelle de mer,* dont le cri est *krek, krek,* se nourrit d'insectes, de mollusques, de petits poissons; on la voit souvent sur nos côtes, et jusque sur nos rivières.

Les *mouettes* sont des oiseaux lâches, voraces et criards. Répandus sur toute la surface du globe, ils se tiennent au bord de la mer, pour se jeter sur tous les animaux morts ou vivants qui viennent échouer sur la grève : ce qui leur a valu le nom de vautour de mer.

III. — REPTILES.

Les *reptiles* sont des habitants des pays chauds et humides; les uns vivent sur la terre, d'autres dans l'eau; quelques-uns sur la terre et dans l'eau; on nomme ces derniers *amphibies*. Leur sang est rouge et froid; ils respirent par des poumons et sont ovipares, c'est-à-dire qu'ils se reproduisent par œufs. Le mot reptile veut dire rampant.

1. — TORTUES.

Les *tortues* ressemblent à une grenouille enfermée dans une enveloppe solide, percée de trous qui donnent passage à la tête, aux pieds et à une petite queue.

Elles vivent dans les climats et tempérés, mais surtout dans les chauds. La singularité de leur structure mérite toute notre attention. Leur cuirasse correspond au squelette osseux des mammifères et des oiseaux. Elle se compose de deux plaques : le bouclier supérieur, ou carapace, est formé des côtes soudées ensemble; le bouclier inférieur, ou plastron, représente les os de la poitrine. Le tout est recouvert d'écailles adhérentes les unes aux autres.

On distingue des *tortues* de terre, de rivière et de mer. La tortue de terre peut abriter complètement sous sa carapace sa tête et ses pieds. La plus connue est la *tortue grecque*, indigène non seulement en Grèce, mais en Italie et dans les îles de la Méditerranée. On la trouve dans les forêts; on en élève dans les jardins pour détruire les limaces, insectes et vers.

Elle ne va jamais dans l'eau, car elle ne peut nager.

La *tortue* de rivière diffère de la tortue de terre en ce qu'elle ne peut rentrer entièrement sous son écaille la tête et les pattes, et que la conformation de ses pieds lui permet de nager.

La dénomination de tortue de rivière ne lui convient pas toujours exactement. Partout où on la rencontre, soit au nord-est de l'Allemagne, soit au midi de l'Europe, elle ne vit que dans les terrains marécageux ou dans les eaux stagnantes. Elle quitte souvent l'eau pour la terre, et la terre pour l'eau. Dans les jardins, pour la conserver il est nécessaire de lui construire un bassin.

La *tortue géante* ou de mer ne peut faire rentrer sous sa carapace sa tête et ses pieds très-allongés, semblables à des nageoires. Elle habite les mers tropicales; elle y vit en société, et se nourrit de varech.

La tortue marche sur terre avec une extrême lenteur, due sans doute au poids de sa carapace. Elle est si peu agile qu'une fois tournée sur le dos, seule et

abandonnée à elle-même, il lui est impossible de se
remettre sur ses jambes. Elle a assez d'instinct pour
se cacher sous sa cuirasse, à l'approche du danger. Sa
fécondité est étonnante; une seule femelle pond souvent jusqu'à cent œufs.

On doit à la carapace de quelques espèces de tortues
de mer, et surtout de celle connu sous le nom de *caret*,
cette belle substance transparente, colorée, qu'on
appelle *écaille*, et dont on fait des peignes, des boîtes,
même des bijoux.

Quand on présente la carapace à un feu de charbons
ardents, les écailles se dressent horizontalement et se
détachent avec facilité; en les plongeant dans l'eau
bouillante, on rend leur substance assez souple et
malléable pour lui donner telle forme que l'on veut,
soit par moulage, soit par tout autre procédé; en se
refroidissant, l'écaille reprend sa fermeté primitive.

Une carapace de *caret* adulte produit jusqu'à 4 kilogrammes d'écaille. C'est un produit qui nous vient
surtout des Indes-Orientales.

Les œufs des tortues de mer, gros comme ceux de
pigeon, sont un met recherché. Leur chair est délicate
et savoureuse. Leur graisse sert pour l'éclairage. Aussi
la chasse de ces animaux est des plus fructueuses. La
tortue de mer atteint deux mètres de longueur, et pèse
jusqu'à 400 kilogrammes.

2. — LÉZARDS.

A la campagne, sur les pentes les mieux exposées au soleil, vous entendez parfois un léger bruissement au milieu des herbes et des feuilles sèches, sans qu'elles aient été agitées par la moindre brise. Vous tressaillez, redoutant l'approche de quelque serpent. Mais votre effroi se calme bien vite à la vue du petit animal craintif, absolument inoffensif, qui fuit, et va se cacher sous la mousse ou les feuilles, les herbes ou les pierres, après vous avoir regardé fixement. C'est le *lézard*, dont la peau écaillée, d'un marron clair, a sur le dos trois rangs de taches noir brun; le bas du ventre est d'un jaune verdâtre pointillé. Au printemps et en automne, il fait peau neuve; c'est-à-dire qu'il perd l'ancienne pour se revêtir de la nouvelle. C'est un gentil animal, aux allures vives et alertes. On peut le prendre dans la main sans aucun danger; il n'est point venimeux; il rend service dans les jardins, en détruisant les insectes nuisibles.

L'hiver, il se cache dans un trou, et tombe dans un engourdissement qui dure jusqu'au retour des chauds rayons du soleil printanier. Si on lui coupe la queue, elle repousse rapidement; si on la fend, elle reste fendue.

La cigogne, la buse, le hérisson, la fouine en font leur pâture.

Le *crocodile* est le plus terrible des lézards. Il habite les rivières, les grands lacs, les eaux stagnantes de la

zone torride. Agile dans l'eau et excellent nageur, il
est sur terre lourd, et inhabile à se retourner. Il se
nourrit de poissons, grenouilles, tortues et autres
animaux aquatiques. Mais une fois qu'il a goûté la
chair humaine, il la préfère à toute autre. Il attaque
également les grands mammifères. Il avale sa proie, ou
tout entière, ou dépecée par morceaux.

Il est extrêmement difficile de tuer un crocodile. La
peau écaillée de son dos est à l'épreuve de la balle, le
bas-ventre seul est vulnérable. Si on l'atteint à l'œil,
la blessure est mortelle. On s'en rend maître avec de
forts hameçons, ou des fers pointus.

Les crocodiles déposent leurs œufs sur le sable, où le
soleil les fait éclore. Ces œufs, gros comme ceux de
l'oie, sont aussi détestables que leur chair. Les Américains font de sa peau des bottes et des souliers; ils
utilisent aussi sa graisse.

Les espèces les plus connues sont : le *crocodile du Nil*
et le *grand alligator* ou *caïman,* qui vit dans le Gange,
et se distingue du premier par son museau large et
obtus.

En Egypte et dans l'Espagne méridionale, sur les
arbres, dans les broussailles et les haies se trouve une
espèce de lézard nommé *caméléon*. Sa peau change
subitement de nuance sous l'action du soleil ou de
l'ombre, par l'effet de la colère ou de la crainte. Cette
singulière propriété l'a fait prendre pour emblème de
l'homme versatile qui, par ambition, accepte successivement toutes les situations et toutes les couleurs.

Le caméléon reste des journées entières perché sur

une branche, comme s'il était sans vie. Survient-il un insecte, prompt comme l'éclair, il se tourne vers lui et, avec sa langue gluante, saisit sa proie qui y reste suspendue.

Le *lézard volant* ou *dragon vert* habite le Japon. Ses ailes incomplètes lui servent de parachute pour sauter de branche en branche à la poursuite des insectes.

Le *scinque*, lézard d'un gris jaunâtre, vit dans les plaines sablonneuses de l'Egypte.

L'*orvet*, ou *anguis*, a la forme extérieure du serpent, ce qui le fait prendre souvent pour un de ces reptiles; mais sa structure intérieure est tout autre. Il n'est point venimeux, on peut le tenir sans crainte d'être mordu ni piqué. L'*anguis fragile* ou *serpent de verre* est ainsi nommé à cause de la facilité avec laquelle il se brise entre les doigts. Il se nourrit de vers et d'insectes.

3. — SERPENTS.

Par leur forme, par leur nudité, par la fixité de leur regard, par leur démarche rampante, par le lieu même de leur séjour, les serpents nous inspirent une invincible répulsion, qui est d'autant plus insurmontable, que nous les croyons tous venimeux; c'est une erreur, car dans nos pays, un seul est dans ce cas : la *vipère*. Les autres, tel que la *couleuvre à collier,* la *couleuvre lisse,* la *couleuvre commune*, ne sont pas plus à craindre qu'un lézard ou un orvet. La *vipère* dont la morsure est mortelle, est facile à reconnaître à une large raie, foncée et en zigzag, qu'elle a sur le dos.

L'imprudent qui ose toucher à la vipère est perdu; son venin est si violent qu'en quelques heures la mort est la suite inévitable de la blessure.

Ce dangereux reptile, qui atteint rarement plus de soixante centimètres de long, habite principalement nos pays montagneux, où il aime à se réchauffer aux rayons du soleil. La vipère se tient ordinairement couchée, ou roulée sur elle-même; à l'approche d'une souris, elle sort vivement de sa nonchalence, s'élance sur sa proie, la mord à plusieurs reprises, et l'avale.

En cas de morsures d'une vipère, la première mesure à prendre est d'arrêter la circulation du sang par une forte ligature au-dessus de la plaie. On ne peut échapper à ses conséquences fatales qu'en la cautérisant promptement, soit avec un fer rouge, soit par l'application d'alcali volatil.

Les serpents les plus dangereux des pays chauds sont : le *boa constrictor*, le *serpent à lunettes,* le *serpent à sonnettes.*

Le *boa constrictor* n'est pas venimeux; il enlace dans ses replis les animaux dont il fait sa proie, et qui ont parfois la grosseur du chevreuil; il les broie entre ses anneaux doués d'une incroyable puissance, et les réduit en une masse informe qu'il avale d'un seul trait. Pendant la digestion qui est lente et pénible, il tombe dans un état d'engourdissement qui permet de l'approcher et de le tuer sans danger.

Il habite les creux des vieux arbres; monte aussi sur les branches, d'où il guette sa proie, mais n'entre jamais dans l'eau. Les indigènes utilisent sa peau en en faisant des bottes, ou en en co vrant des selles. Sa longueur varie de cinq à dix mètres.

Le *serpent à lunettes,* qui habite les Indes-Orientales, est venimeux. Les psylles, espèces de saltimbanques, après lui avoir arraché les dents venimeuses, le dressent à fai e des exercices amusants pour le divertissement du public.

Le *serpent à sonnettes* est ainsi nommé à cause de sa queue, qui se termine en une suite d'anneaux de substance cornée produisant un bruit semblable à celui de la crécelle, lorsqu'il rampe ou se remue. Il habite les lieux marécageux et les prairies des deux Amériques. Il reste caché dans les broussailles et les herbes pour guetter sa proie, qui consiste en petits quadrupèdes et oiseaux. Il n'attaque jamais que lorsqu'il est provoqué. Sa morsure est mortelle.

4. — GRENOUILLES

Les *grenouilles,* que tout le monde connaît, sont des animaux timides qui s'enfuient au moindre bruit. Elles vivent dans l'eau et sur terre, se nourrissent de petits animaux aquatiques, de vers, de larves, et autres insectes. Si l'occasion s'en présente, elles ne dédaignent même pas de croquer quelques jeunes individus de leur espèce.

La manière dont se forment les grenouilles mérite d'être mentionnée.

Au sortir de l'œuf, qui est rond et entouré d'une substance mucilagineuse, la petite grenouille, dépourvue de membres a une longue queue et ressemble à un poisson. On lui donne 'e nom de *têtard*. En cet état, c'est un animal aquatique, vivant d'herbes, respirant par des branch'es. Peu à peu les pattes de derrière poussent; celles de devant se développent aussi, mais sous la peau qu'elles percent ensuite; les branchies s'anéantissent, et les poumons remplissent seuls les fonctions respiratoires; la disposition de la bouche, des yeux, des intestins se modifie de même, et la grenouille, animal amphibie et carnivore, sort de cette métamorphose.

Dans les chaudes nuits du printemps, le cri du mâle connu sous le nom de *coassement* devient importun. On peut s'en préserver en allumant du feu ou en éclairant av c une lanterne les music'ens qui se taisent aussitôt.

La plus jolie des grenouilles est la *rainette;* elle est verte sur le dos et blanchâtre en dessous; ses couleurs sont séparées par une raie foncée. Le dessous des pieds est pourvu de petites pelottes visqueuses qui l'aident à grimper : elle séjourne presque constamment dans le feuillage des arbres et dans les haies, elle n'entre dans l'eau que pour se mouiller la peau.

On enferme souvent la grenouille dans un bocal de verre, le fond plein d'eau et muni d'une petite échelle; si elle se pose au haut de l'échelle, le beau temps est certain; si elle se tient dans l'eau, c'est signe de pluie. Cependant, il ne faut pas avoir une confiance absolue dans ces indications, pas plus que dans celles qu'on prétend tirer de son coassement.

La chair de la grenouille, principalement celle des

cuisses, est blanche et délicate, surtout en automne.
On la mange avec plaisir dans un grand nombre de
localités.

Si la grenouille plaît par ses formes délicates et par
ses sauts coniques, en revanche le *crapaud*, qui appartient à la même famille, inspire le dégoût et l'horreur.
Son corps est difforme, boursoufflé, parsemé de papilles.
Cette laideur est encore augmentée par sa démarche
lourde et traînante. Il n'est donc pas étonnant qu'à la
vue d'un crapaud on s'éloigne et se détourne pour ne
pas en approcher, bien qu'il ne soit pas venimeux
comme on le croit généralement. Cependant, des
papilles de son corps sort une humeur visqueuse qui,
sans être dangereuse, cause une vive démangeaison,
et, comme l'urine des grenouilles, produit le même
effet que des piqûres d'orties.

Le crapaud ne sort de son trou que la nuit, et au
crépuscule. Il mange des insectes, des vers, des
limaces. Aussi un jardinier intelligent aime-t-il à le
voir dans ses plates-bandes. On en trouve quelquefois
dans les endroits humides des maisons, dans les caves,
où il ne rend aucun service.

On raconte que, dans une maison, on avait apprivoisé
un crapaud qui, chaque soir, sortait de son trou et se
laissait mettre sur la table pour manger les mouches et
autres insectes qu'on lui donnait. Les crapauds deviennent très vieux. On prétent qu'on en a trouvé dans des
pierres calcaires où ils étaient enfermés depuis un
temps inconnu.

Le crapaud a un ennemi très dangereux que ne re-

butent ni sa la'deur ni sa viscosité ; c'est le hérisson,
qui lui fait une guerre acharnée.

5. — SALAMANDRES.

La forme des *salamandres* nous rappelle celle des
lézards, mais elles n'en ont pas l'agilité. Malgré leurs
vives couleurs, leur aspect a quelque chose de désagréable. Jadis on les croyait venimeuses, et encore aujourd'hui quoique leur innocuité soit hors de doute,
bien des personnes n'en approchent qu'avec appré-
hension.

La *salamandre terrestre,* se traîne lourdement sur le
sol. Sa queue est ronde ; sur ses côtés sont des rangées
de tubercules, d'où suinte, quand elle se sent en danger, une liqueur laiteuse, amère, d'une odeur forte.
Cette humeur pourrait éteindre une petite quantité de
charbons incandescents, et c'est probablement ce qui a
fait croire que la salamandre pouvait vivre dans le feu.

La *salamandre aquatique* se distingue de la précé-
dente par sa queue aplatie des deux côtés. On la trouve
souvent dans les eaux stagnantes, où elle nage très
bien. Elle est remarquable par la force étonnante de
reproduction qu'elle possède. Le même membre lui
repousse plusieurs fois de suite, quand on le lui coupe,
et cela avec tous ses os, ses muscles, ses vaisseaux.

IV. — POISSONS.

Les poissons sont des animaux pourvus d'une épine dorsale; ils ont le sang rouge et froid; ils respirent par des *branchies*, sont ovipares, et presque tous couverts d'écailles; ils ne vivent que dans l'eau, et ont pour organe de locomotion des nageoires; chez la plupart la vessie pleine d'air, en se comprimant ou se dilatant, fait varier leur poids spécifique, et les aide ainsi à s'enfoncer ou à remonter à la surface de l'eau; leur utilité se borne à nous fournir un aliment sain et nourrissant; les peuples qui habitent à proximité des côtes vivent presque exclusivement du produit de leur pêche.

Les poissons se nourrissent de subs'ances animales, telles que poissons, amphibies, vers, insectes, etc. Quelques-uns sont d'une extrême voracité; on les désigne pour cette raison sous les noms de *poissons de proie*. Tels sont les *brochets* et les *requins*. Ces derniers sont dangereux même pour l'homme.

On divise les poissons en deux classes :

Les *poissons à charpente osseuse ou arétes*, et les *poissons à charpente cartilagineuse.*

A — POISSONS A ARÊTES.

Leur corps est couvert d'écailles; le squelette d'un poisson de plusieurs années prouve que les arêtes prennen. la dureté de l'os; c'est pourquoi on les désigne sous le nom de *poissons à charpente osseuse.*

1. — BROCHETS.

Le *brochet commun* est un poisson de proie très vorace; il avale toute espèce de poissons, les rats d'eau, les grenouilles, même les jeunes canards; en revanche, il nous donne sa chair ferme et blanche, d'une digestion facile, qui constitue un mets recherché.

Outre une nageoire de dos ou *dorsale*, le brochet a deux nageoires pectorales, deux ventrales, une à l'anus et une nageoire *caudale* en forme de fourche. La tête est longue, unie en dessus, et aplatie des deux côtés; sa gueule fendue jusqu'au-delà des yeux, est armée de dents redoutables sur presque tous les points de la surface intérieure; les yeux, à pupille ronde, bordés de jaune, n'ont point de paupières, mais sont couverts d'une peau transparente.

La couleur du brochet varie selon l'âge; les deux premières années, il tire sur le vert; plus tard, il est noirâtre en dessus, les deux côtés gris à taches jaunes, l'abdomen blanc à points noirs.

On a pêché des brochets pesant jusqu'à 15 à 20 kilogrammes.

2. — SAUMONS.

Le *saumon* est à la fois poisson de mer et poisson d'eau douce. Il est surtout remarquable par ses migrations périodiques. Ils habitent les mers septentrionales; chaque printemps ils se dirigent en grandes bandes, comme les grives et les autres oiseaux de passage, vers l'embouchure de nos fleuves; qu'ils remontent en franchissant tous les obstacles, et parviennent ainsi jusqu'aux ruisseaux et aux lacs, où ils déposent leurs œufs sur des fonds sablonneux. En remontant, ils se tiennent toujours dans les eaux les plus profondes, qui leur opposent moins de résistance; au lieu qu'en descendant, ils se rapprochent le plus possible de la surface, où le courant est plus rapide, et leur vient plus en aide.

Sa chair savoureuse est une précieuse ressource pour les contrées qu'il visite ainsi chaque année

La *truite* appartient à la même famille. Elle vit dans les rivières, ruisseaux et lacs à fond de roc, à eau vive. En général son poids ne dépasse pas un demi kilogramme. On en pêche dans le lac de Genève qui pèsent jusqu'à 10 kilogrammes. Sa chair, blanche ou jaune, rosée dans l'espèce dite *truite saumonée*, est délicate et très-estimée. Son corps est toujours tacheté. Elle nage très vivement; souvent elle reste immobile au même point, la tête tournée vers le courant.

3. — CARPES.

Les *carpes* sont peut-être les moins carnassiers de tous les poissons d'eau douce; elles se nourrissent de vers, de larves, d'insectes, mais aussi, et en grande partie, de graines d'herbe et même de limon et de substances en décomposition. La *carpe commune* se

distingue par ses barbillons et par sa queue fortement
fourchue ; elle atteint jusqu'à treize décimètres de longueur, pèse d'un et demi à 20 kilogrammes, et vit, à
ce qu'on prétend, deux cents ans.

La carpe est d'une prodigieuse fécondité. Elle vit et
se conserve très bien dans des réservoirs creusés à cet
effet. Elle est très facile à alimenter, et peut s'apprivoiser au point de répondre à l'appel d'une cloche pour
venir recevoir sa nourriture de la main de l'homme.
Elle est douée d'une puissante vitalité; on peut la
transporter vivante hors de l'eau à une grande distance, en ayant soin de l'envelopper de mousse, d'herbes mouillées ou de neige, et de lui boucher le nez
avec un tampon de pain trempé dans du vin, du
vinaigre, ou même de l'alcool. Sa chair, assez estimée,
a quelquefois un goût de vase que l'on peut faire disparaître en la conservant quelque temps dans une eau
claire et courante.

A la même famille appartiennent les poissons
suivants :

La *brème* vit dans les eaux douces et se nourrit
comme la carpe; elle n'a point de barbillons; sa chair,
bouillie ou frite, est excellente. Le *poisson doré de la
Chine* doit à sa beauté l'honneur d'orner nos apparte-
ments, enfermé dans un globe de verre. On le nourrit
de mie de pain, de viande déchiquetée, de mouches.

Le *barbeau*, caractérisé par ses quatre barbillons, est
commun dans les eaux claires et vives. La *tanche* habite
de préférence dans les eaux stagnantes. Le *goujon*,
petit poisson gris foncé, à abdomen blanchâtre, vit en

7

troupes dans toutes les rivières de l'Europe; sa chair est savoureuse.

Le *gardon* est d'un vert tirant sur le noir, avec nageoires rouges.

La *loche d'étang* a le corps comme celui d'une anguille, et dix barbillons; elle se tient dans la vase des étangs; quand le temps est orageux, elle vient à la surface, l'agite et trouble l'eau. La *loche franche* a six barbillons. Elle est commune dans nos ruisseaux, et de fort bon goût.

6. — HARENGS.

Les *harengs* sont de petits poissons de mer à arêtes fines et nombreuses. Pour les côtes qu'ils fréquentent, ils sont une source d'aisance et de richesse. Ce sont des poissons voyageurs qui naissent et vivent dans les glaces des mers septentrionales. Ils sont d'une prodigieuse fécondité. Chaque année, au mois de mars, leurs troupes innombrables, formant des bancs immenses de plusieurs kilomètres de long et de large, descendent des mers polaires vers les côtes d'Angleterre et de France, d'Allemagne et de Hollande. Ces bancs de poissons produisent à la surface des flots un effet magique; leurs mouvements font un bruit semblable à celui de la pluie tombant sur l'eau; la nuit, ils sont phosphorescents. Ils sont sans cesse poursuivis par leurs ennemis, oiseaux de mer, marsouins, requins, baleines, morues.

A leur arrivée, tout est prêt pour la pêche, qui fait

vivre des milliers d'hommes. On les prend généralement dans de longs filets; ils s'engagent dans les
mailles par les ouïes.

La grande pêche a lieu pendant les mois de juin et
de juillet. En août, les harengs disparaissent de nos
côtes.

Le hareng meurt aussitôt qu'il est retiré de l'eau.
Aussi le pêcheur vend généralement à l'avance sa
pêche à des négociants qui le salent ou le fument, et le
livrent au commerce, rangé et comprimé dans de petits
tonneaux. C'est une nourriture saine et excellente. Les
harengs provenant de la Hollande sont les plus
estimés.

La *sardine*, plus petite que le hareng, se pêche sur les
côtes d Bretagne et dans la Méditerranée.

L'*alose* ressemble au hareng et à la sardine, mais elle
est plus grande. Elle remonte dans les rivières au printemps. Sa chair est alors excellente.

5. — GADES OU MORUES.

Les *gades* sont des poissons de mer à corps allongé,
à grande vessie natatoire. La seule espèce qui vit dans
l'eau douce est la *lotte*, un des poissons les plus délicats
de nos rivières. On la trouve en abondance dans les lacs
de la Suisse. Le plus important des *gades* est la *morue*,
qui habite toutes les mers du Nord principalement autour du Labrador, de Terre-Neuve et des côtes epten-
trionales de l'Angleterre.

Sa pêche est l'objet d'un commerce considérable;

elle occupe plus de cinquante mille hommes et livre chaque année à la consommation plus de 25,000,000 kilogrammes de poisson.

Bien que les morues soient communes dans nos mers, leur rendez-vous général est le grand banc de Terre-Neuve. Là, sur une étendue de plus de cent lieues de long, elles se pressent en si grande quantité qu'un seul homme pêchant à la ligne peut en prendre trois ou quatre cents par jour.

Les morues se tiennent presque toujours à quelques lieues de terre, sur les fonds de mer plats, où elles cherchent leur nourriture, huîtres, poissons, crabes, vers. On les prend à l'hameçon; un seul bateau porte souvent six cents de ces engins.

Aussitôt prises, elles sont apportées à terre; on leur coupe la tête, on leur ouvre le ventre, on les vide, et l'on retranche la partie inférieure de l'arête principale. Ainsi préparées, on les empile dans des tonneaux en les couvrant légèrement de sel; on les laisse ainsi deux ou trois jours, puis on les lave proprement, et on les met en meules, ou on les étend; le soir, ou quand il pleut, on les tourne pour que la peau soit en dessus; à demi sèches, on les met quelques jours en meule; puis on les sèche une dernière fois.

On donne à la morue fraîche le nom de *cabillaud*. Du foie on extrait une huile très-employée en médecine comme tonique et reconstituant.

6. — POISSONS PLATS.

Les poissons de cette famille se font remarquer par
leur forme aplatie; et surtout par un caractère unique
parmi les animaux vertébrés : le défaut de symétrie de
leur tête. Leurs deux yeux sont du même côté, leur
bouche est fendue obliquement. Le reste du corps par-
ticipe à la même irrégularité; mais d'une façon moins
sensible.

Ce sont des poissons de mer, vivant le long des
côtes, et fournissant dans presque tous les pays une
nourriture saine et abondante.

La *plie* et le *turbot* ont la forme d'un losange. La *sole*
est oblongue.

7. — SILURES.

Les *silures* sont des poissons de rivière à deux
mâchoires, à longs barbillons, à peau lisse, à nageoire
pectorale armée d'une forte épine qui peut occasionner
des déchirures dangereuses. Le *silure commun* habite
les grandes rivières de l'Allemagne, dans les fonds fan-
geux. Sa taille atteint quelquefois deux mètres, et son
poids 150 kilogrammes. C'est le plus grand poisson
d'eau douce de l'Europe. Le *silure électrique*, ainsi
nommé parce qu'il a la propriété de donner des commotions électriques, se trouve dans le Sénégal et dans
le Nil.

8. — ANGUILLES.

Les *anguilles* ont la même forme que les serpents.
Leurs petites écailles apparaissent à peine au travers
de la peau épaisse et visqueuse qui les recouvre.
C'est un poisson très-vorace, d'une extrême agilité,
doué d'une grande puissance de vitalité.

L'*anguille commune* remonte nos rivières au printemps. En automne elle redescend vers la mer. Il y en
a aussi qui habitent à demeure, dans nos lacs et nos
étangs. Elle a la propriété de vivre hors de l'eau et de
ramper comme les reptiles. On la rencontre souvent
dans les prés marécageux. Le jour elle se tient cachée
dans la vase; la nuit elle se met en quête de sa nourriture qui consiste en vers et petits poissons. Sa chair
est un aliment aussi sain qu'agréable. Sa peau sert,
dans nos campagnes, à joindre les deux branches des
fléaux; elle remplace avantageusement pour cet usage
la corde ou le cuir. Elle a communément de cinq à dix
décimètres de long.

Les *congres*, grosses anguilles de mer, atteignent des
dimensions beaucoup plus considérables; mais leur
chair est peu estimée.

A la même famille appartiennent les *serpents de mer*
des mers australes, la *murène* très-commune dans la
Méditerranée et dont les Romains faisaient si grand
cas, la *gymnote*, remarquable par la violence des
décharges électriques dont elle foudroie ses adversaires.

9. — MAQUEREAUX.

Le genre *maquereau* est parmi les poissons de mer l'un des plus utiles à l'homme par le goût agréable de ses diverses espèces, par leur grande taille, par leur inépuisable reproduction et leurs migrations périodiques, qui les ramènent chaque année dans les mêmes parages, et en font l'objet d'une pêche des plus importantes.

Le *maquereau commun* est un poisson voyageur, comme le hareng. Au printemps il quitte les mers septentrionales pour les eaux du littoral européen qu'il longe de l'ouest à l'est. Il apparaît en avril sur les côtes de Bretagne, et atteint en juillet celles du Jutland.

Le *thon* est un gros poisson qui se pêche en abondance dans la Méditerranée et dans le golfe de Gascogne. Sa chair, blanche et savoureuse, se conserve salée ou préparée à l'huile. Le thon mesure ordinairement un à deux mètres de longueur; quelquefois il dépasse trois mètres, et peut peser jusqu'à 500 kilog.

L'*espadon* se distingue par la longue pointe en forme d'épée ou de broche qui termine sa mâchoire supérieure. Sa chair est très-estimée. L'espèce commune dans la Méditerranée atteint cinq mètres de longueur.

10. — PERCHES.

La *perche* a la bouche grande, armée de dents, le corps oblong, couvert d'écailles dures, les nageoires rouges et épineuses. Elle est d'une grande voracité, croît rapidement, vit dans les eaux limpides. C'est un de nos plus beaux et de nos meilleurs poissons d'eau douce.

Le *bar* et le *mulle*, excellents poissons de mer, appartiennent à la même famille, ainsi que la *vive*. On trouve fréquemment cette dernière dans les sables du rivage. Les épines dont elle est armée la rendent redoutable.

11. — JOUES CUIRASSÉES.

Les diverses espèces de cette famille sont caractérisées par leurs joues larges et cuirassées. Elles ont pour type le *grondin* des mers européennes, que les naturalistes appellent *trigle*. Il doit son nom vulgaire aux sons ou grondements qu'il fait entendre, quand on le touche.

Le *chabot* est un petit poisson d'eau douce sans écailles, long de douze à quinze centimètres. On le trouve en Allemagne dans les petits ruisseaux limpides, où il se tient au fond, sous des pierres; si on le dérange, il part comme une flèche. La nuit, il cherche les œufs de poisson et les insectes; sa chair est bonne; elle sert aussi d'appât pour la pêche des grands poissons.

L'*épinoche* ne vit que dans les eaux courantes; son dos est pourvu de trois épines qui se dressent à l'approche de l'ennemi; il se nourrit d'œufs de poisson. Sa taille ne dépasse pas quarante-cinq millimètres. Il se multiplie si prodigieusement dans certains cours d'eau

d'Angleterre et du Nord qu'on l'emploie à fumer les
terres, à engraisser les porcs et même à faire de
l'huile.

12. — SYNGNATHES.

Ce sont des poissons singulièrement conformés, au
corps très long, mince, presque cylindrique, terminé
par un museau tubuleux et long, à l'extrémité duquel
est la bouche très-petite, fendue verticalement, dépourvue de dents. C'est à cette disposition qu'ils
doivent l'appellation de *syngnathes,* mot que l'on peut
traduire par *bouches en tuyau,* et leur nom vulgaire
d'aiguilles de mer.

L'*hippocampe,* ou cheval de mer, est remarquable
par son tronc comprimé, revêtu d'une cuirasse aux
arêtes anguleuses, notablement plus élevé que la queue.
En se recourbant après la mort, ce tronc et la tête
prennent quelque ressemblance avec l'encolure d'un
cheval en miniature. Il vit dans nos mers. Sa taille **ne**
depasse pas trente-trois centimètres.

B — POISSONS A CHARPENTE CARTILAGINEUSE.

Le squelette de ces poissons est formé de substance
cartilagineuse. Le corps est lisse ou couvert de petits
boucliers d'os ou d'épines à tige dure ; à cet ordre
appartiennent :

13. — ESTURGEONS.

Ce sont des poissons de mer qui remontent dans les
grands fleuves pour y déposer leurs œufs. L'*esturgeon*

commun, long de deux à six mètres et du poid de 100 à 400 kilogrammes, vit dans l'Océan et la Méditerranée.

Le *grand esturgeon* ou *hausen,* plus grand encore, habite la mer Noire et la mer Caspienne, et pénètre dans les fleuves qui s'y déversent. Il est l'objet d'une pêche considérable, particulièrement dans la mer Caspienne et le Volga, à la fonte des glaces en février. Le hausen remonte le fleuve pendant quinze jours; à mi-avril, les esturgeons arrivent à sa suite; vingt mille personnes s'occupent à cette pêche dans la mer Caspienne et autant sur les bords du Volga. On en évalue le produit à deux millions de kilogrammes.

Le *caviar,* mets très-recherché en Russie, se compose d'œufs d'esturgeon, dépouillés de leurs pellicules, salés et confits dans sa graisse. Ses vessies natatoires, préparées et découpées, constituent la colle de poisson.

14. — REQUINS.

Poissons monstrueux par leur taille, leur force et leur voracité; ils sont la terreur des habitants des côtes et des navigateurs.

Le *requin commun* a le corps très-allongé, les dents triangulaires, très-pointues, six rangées à la mâchoire supérieure, quatre à l'inférieure. Il atteint jusqu'à neuf et dix mètres de longueur. Il se nourrit de poissons, de phoques, suit les vaisseaux pour dévorer tout ce qui tombe à la mer, même les hommes et les cadavres humains. Il ne craint que le cachalot, ce géant des mers qui ressemble à la baleine.

La peau du requin est dure; les Norvégiens en font des harnais, les Hollandais des chaussures; de son foie et de sa graisse, on tire de l'huile.

La *scie,* autre poisson de la même famille, est surtout remarquable par un long museau déprimé, en forme de bec, armé de chaque côté de fortes épines osseuses, pointues et tranchantes, implantées comme des dents de scie. Avec cette arme redoutable, elle s'attaque à la baleine et lui ouvre le ventre. Sa longueur varie de trois à cinq mètres.

15. — RAIES.

Poissons à corps aplati, à mâchoires armées de dents menues. La *raie ordinaire* pèse jusqu'à 100 kilogrammes. Sa chair, un peu dure, gagne à être transportée. C'est un précieux comestible, objet d'un important trafic.

La *raie bouclée* est ainsi nommée à cause des aiguillons recourbés en forme de boucle qui hérissent ses deux surfaces.

La *raie électrique* ou *torpille* est à peu près circulaire. Elle est munie d'un appareil extraordinaire, formé de petits tubes membraneux serrés les uns contre les autres comme des rayons d'abeille. Elle s'en sert pour imprimer à tout ce qui la touche de violentes commotions électriques, capables d'étourdir et même de donner la mort aux poissons dont elle fait sa nourriture.

16. — SUCEURS.

A corps cylindrique comme les anguilles, à bouche ronde et plate pour sucer; ce sont des poissons de mer et d'eau douce à chair savoureuse. La *grande lamproie*, longue de près d'un mètre, a la grosseur du bras; on la trouve dans la mer du Nord et la Méditerranée, d'où elle remonte au printemps dans les embouchures des fleuves; elle se nourrit du sang des poissons ou d'animaux aquatiques qu'elle suce.

La *petite lamproie,* semblable à l'autre, mais plus petite, se pêche dans nos rivières; marinée ou fraîche, elle est estimée.

On trouve dans les fonds vaseux de la mer et des ruisseaux de petits lamprillons, longs de seize à vingt centimètres, gros comme un fort tuyau de plume qui ressemblent beaucoup aux vers tant par la forme que pour les habitudes.

ANIMAUX NON VERTÉBRÉS

V. — ARTICULÉS.

Le squelette des animaux de cette classe n'est point intérieur comme chez les vertébrés. Il se compose d'anneaux qui entourent le corps, et souvent les membres. Ces anneaux, presque toujours assez durs, sont autant d'étuis articulés ou emboîtés entre eux, de manière à se prêter aisément aux divers mouvements que l'animal a besoin d'exécuter.

On peut les diviser en quatre sections : *insectes, arachnides, crustacés, vers.*

1. — INSECTES.

Leur corps se divise généralement en trois parties; la *tête* qui porte les antennes, les yeux et la bouche; la poitrine ou *corselet,* qui porte six pieds au moins, deux ou quatre ailes, quand il y en a; et l'*abdomen,* qui est suspendu en arrière du corselet, et renferme les principaux viscères. Leur sang est un liquide blanc. Ils respirent par des *trachées,* c'est-à-dire par des vaisseaux élastiques qui reçoivent l'air par des ouvertures placées sur les côtés. Dans les chenilles, on peut apercevoir ces ouvertures sans microscope. Si on les bouche avec de l'huile ou du vernis, l'insecte cesse aussitôt de vivre.

Les insectes se reproduisent par œufs. Mais, en général, de l'œuf sort un être tout autre que celui qui l'a produit, et qui n'arrive à l'état parfait qu'en passant par une ou deux transformations ou *métamorphoses.* L'insecte ailé n'est en possession de ses ailes qu'à un certain âge.

La *larve* ou chenille qui sort de l'œuf est vorace, croît rapidement; puis elle cesse de se mouvoir, prend

les apparences du dessèchement et de la mort, en devenant *chrysalide* ou *nymphe*. Ce n'est qu'après un laps de temps plus ou moins long, que l'insecte ailé, ayant subi une lente métamorphose, s'échappe de cette enveloppe.

Les insectes vivent partout; sur terre, dans l'air, dans les eaux, sur les plantes, et à l'état de parasites sur les autres animaux.

L'hiver les fait généralement périr. Ceux qui résistent tombent dans un état d'engourdissement qui se prolonge autant que les froids.

On évalue à quatre-vingt mille le nombre des espèces d'insectes. La plupart sont nuisibles; mais il y en a aussi d'utiles.

Nous allons passer en revue les principaux

I. — COLÉOPTÈRES.

Les coléoptères ont quatre ailes, dont les deux supérieures, en forme d'écaille, recouvrent les autres et leur forment des espèces d'étuis. Dans quelques espèces les ailes de dessous font défaut; les ailes supérieures sont alors adhérentes.

Leur bouche est disposée pour mordre; leurs pattes sont à articulation.

Leur larve ressemble à un ver, avec tête bien apparente. Leur chrysalide se trouve dans les cavités.

En Europe, on compte à peu près huit mille neuf cents espèces de coléoptères.

Si les naturalistes admirent la variété et la magnificence de leurs couleurs, les laboureurs et les forestiers ont à se plaindre de leurs méfaits.

Le *scarabée disséquant,* long d'un demi centimètre à peine, malgré sa petitesse, a détruit des forêts entières. Au printemps, complètement formés et cachés sous l'écorce intérieure des sapins, ces insectes y percent des trous d'où ils s'échappent pour envahir d'autres troncs. Dans ces trous ils laissent des œufs; les jeunes larves, qui en sortent, s'attaquent à l'écorce et font périr l'arbre.

Les larves du *capricorne de Chine,* du *capricorne ficelle,* du *capricorne aubier,* attaquent le bois des arbres. Les *porte-bec,* dont la tête se termine en une trompe plus ou moins longue, et l'*attelabe-bacchus* produisent des larves qui dépouillent l'arbre de ses feuilles et de ses fruits.

Le bois du chêne coupé est attaqué par le *jaret naval.* Les *richards,* aux reflets étincelants et métalliques, vivent à l'état de larves dans l'écorce des chênes et des jeunes arbres dont ils occasionnent le dépérissement ou la défectuosité. La larve du *perce-bois,* nommée vulgairement *horloger de mort* ou *frappeur,* se met dans les ustensiles de ménage et les réduit en poussière. La *gerce* s'attaque aux livres, et les transperce.

Les larves de certains coléoptères rongent les racines des plantes. De ce nombre sont les suivants : le *scarabée rhinocéros* qui est marron et dont le mâle porte sur la tête une corne crochue; le *scarabée des semences* (sauteur) qui ronge la racine des blés; les *chrysomètes* et leurs larves qui vivent de la sève des feuilles et des plantes. La *puce de terre*, insecte microscopique qui ronge les jeunes pousses de légumes. Le *scarbée des roses*, à reflets d'or, que l'on trouve sur les rosiers, dans le cœur de la fleur qu'il dévore.

Que de ravages causés par le *hanneton!* Sa larve ronge avec voracité les racines; si la pluie se fait attendre, la plante attaquée languit et meurt. Lorsque le hanneton s rt de sa chrysalide, à fin avril ou au commencement de mai, après sa transformation, il envahit les arbres en si grand nombre que les branches sont entièrement dépouillées de leurs feuilles. La récolte des fruits est perdue, car un arbre sans feuilles ne vit plus.

La larve du *ténébrion molitor* se trouve dans les greniers à blé et les caisses de farine. La larve poilue du *dermeste de lard* s'attache aux viandes séchées, aux peaux et fourrures non tannées. Les *scarabées nageurs* et les *hydrophiliens* sont nuisibles aux viviers; ils rongent les œufs de poisson, les petits poissons, et même les grands.

Tout nuisibles que nous paraissent ces insectes, ils doivent avoir leur utilité cachée pour nous; car, dans l'œuvre de la création, il n'y a pas un seul être qui ne remplisse sa partie dans l'ensemble.

Les coléoptères, dont nous reconnaissons l'utilité, sont ceux qui se nourrissent d'insectes destructeurs et des matières animales qui corrompraient l'atmosphère.

Les *carabes,* par exemple, à pattes longues et très-agiles, se trouvent sous la mousse et les pierres, et leurs larves, dans le fumier et les matières fécales.

Nous ne citerons que la *ticindèle*, qu'on voit souvent faire la chasse aux insectes dans les lieux exposés au soleil et sablonneux.

L'*orfèvre* est l'ennemi du hanneton.

Les *coléoptères carnassiers* sont reconnaissables aux cours étuis qui couvrent leurs ailes; ils ne vivent, ainsi que leurs larves, que dans les matières animales corrompues, ou sous les mousses, les écorces, les pierres, et sur les rivages humides.

Les *escarbots* et *stercoraires* se trouvent dans les excréments de chevaux, vaches et moutons.

Les *scarabées boules* (à forme de boule) détruisent les pucerons dévastateurs.

La *coccinelle* est précieuse dans les jardins et les serres chaudes qu'elle préserve de pucerons.

Les *boucliers silpha* ne vivent que de bêtes crevées, telles que souris, taupes, petits oiseaux; ces insectes noirs déposent leurs œufs sur le cadavre, ensuite ils creusent la terre et l'enfouissent; quelques heures après, les larves à peine écloses commencent à le dévorer.

Le *méloé* qui sécrète des jointures de ses articulations un liquide semblable à l'huile, est employé dans la médecine. La *cantharide*, qu'on trouve en juin sur les frênes, le sureau, les peupliers, etc., sert à faire les vésicatoires.

Le plus grand de nos coléoptères est le *cerf-volant*, qu'on trouve en juin et juillet dans les forêts de chênes. Le mâle a des cornes semblables aux bois du cerf. Sa larve ressemble à celle du hanneton, et se rencontre

8

dans les troncs d'arbres pourris. Nous voyons, les beaux soirs d'été, briller dans l'obscurité l'abdomen phosphorescent, du *lampyre* ou *vert luisant*. Le mâle vole ; la femelle n'a point d'ailes ; on la trouve, à la fin de juin, dans les herbes et les haies. Les larves luisent aussi, mais d'un éclat moins vif.

II. — PAPILLONS OU LÉPIDOPTÈRES.

Les *papillons* ont quatre ailes admirablement colorées ; au plus léger contact, ces couleurs restent au doigt comme une poussière, et l'aile n'est plus qu'un tissu diaphane, incolore ; cette poussière, examinée au microscope, nous présente une multitude d'écailles, pourvues de petits manches, qui s'adaptent dans les vides des ailes. Ces écailles sont disposées comme les tuiles d'un toit, les unes sur les autres, et forment les dessins les plus variés.

Ces êtres admirables qui, au soleil, semblent des fleurs volantes, ne naissent pas aussi beaux ; au sortir de l'œuf, ils se présentent sous la forme de chenille, et la plus belle chenille ne fait pas présumer qu'un jour elle sera un magnifique papillon.

Les *chenilles* vivent en famille ou solitaires ; la plupart rampent en plein air, mais sous les ardeurs du soleil, elles cherchent l'ombre. Presque toutes changent de peau quatre ou cinq fois avant de subir leur première métamorphose ; elles sont alors malades, mais redeviennent après d'autant plus vives et voraces. A l'approche de leur transformation, elles cessent de manger, de rendre des excréments, et, inquiètes, elles se choisissent un asile ; leur peau éclate, et, sous elle, se montre la *chrysalide*, qui demeure immobile, inerte, mais respire cependant par des ouvertures placées des deux côtés.

Beaucoup de chrysalides supportent l'hiver. Lorsque l'enveloppe tombe, le papillon sort de son tombeau temporaire pour voltiger sur l'herbe et les fleurs. Mais peu de papillons résistent aux rigueurs de la mauvaise saison ; quelques jours après avoir dépouillé leur enveloppe de chrysalide, ils font leurs œufs, et meurent.

Ces œufs, d'abord à l'état humide, se recouvrent d'une couche de liquide qui, se durcissant comme un vernis, les garantit des intempéries de la saison.

Chaque œuf a un couvercle par lequel sort la petite chenille ; les œufs pondus en automne éclosent au printemps. Les chenilles, véritable fléau pour les plantes, servent de pâture aux oiseaux, aux guêpes et à quelques espèces de mouches. L'homme aussi travaille à les détruire, mais l'humidité et le froid sont leurs plus terribles ennemis.

On peut diviser les *papillons* en quatre classes.

A — PAPILLONS DIURNES.

Leurs ailes sont grandes et à vives couleurs ; dans le repos, elles se tiennent élevées perpendiculairement. Leur corps est mince, et les antennes longues. Les plus beaux papillons appartiennent à cette classe.

Le *papillon machaon* a les ailes postérieures four-
cnues. L'*animal* a les ailes de devant traversées par une
raie rouge, et celles de derrière bordées de même. Le
paon de jour a sur chaque aile une tache semblable à
l'œil du paon. Le *vulcain*, d'un brun noir velouté, a les
ailes à filet jaunâtre pointillé de bleu.

D'autres espèces sont moins belles, telles que le
papillon citron, le *papillon feu*, le *papillon à yeux communs*. Nous les voyons souvent dans les champs et les
prairies, sans y prêter grande attention. Dans cette
classe se trouve toute une famille de papillons communs dont les chenilles rongent les feuilles des arbres
fruitiers et des légumes; c'est celle des papillons blancs,
qui se divise en *papillons blancs des arbres, des raves,
des plants de moutarde, des choux*, ainsi nommés des
végétaux auxquels ils s'attaquent. Le plus nuisible est
le *papillon blanc des arbres et des haies,* dont la chenille
gris cendré, rayée de noir et d'orange, vit au printemps sur les aubépines, pruniers, poiriers, pommiers.

En juin et juillet, ce papillon fait de trente à cent
œufs sur le revers des feuilles; en août, les chenilles
éclosent et s'agglomèrent dans des espèces de petits
nids; en hiver, il faut détr ire leur œuvre; car les
premiers jours de printemps verront éclore une autre
génération. En été, on doit écraser les œufs qu'on
trouve, et même tuer les papillons qui y donnent naissance.

B. — SPHINX OU PAPILLONS CRÉPUSCULAIRES.

Ils ont les ailes étroites et foncées, qui, au repos,
s'étendent horizontalement; leur corps est grand et
grossier. Dans cette classe se trouvent des espèces remarquables : le *paon de nuit,* le *papillon de vigne,* le
sphinx — tête de mort. Ce dernier fait l'ornement de
toutes les collections; il tire son nom du dessin formé
s r son dos; c'est le seul papillon qui puisse produire
un son. Quand il est menacé, il fait entendre un grin-
cement qui provient d'une fente d'un des anneaux de
son abdomen. Moins grand est le *sphinx de verre,* qui
ressemble à une grosse mouche.

A — PAPILLONS DE NUIT.

Ils ont, comme les précédents, les ailes foncées, mais
plus larges, au repos elles forment un angle aigu ou se
roulent autour du corps; beaucoup de ces espèces sont
nuisibles par leur grande fécondité : ainsi la femelle du
fileur d'anneaux fait deux cents à trois cents œufs autour des jeunes arbres. Ces œufs gélatineux ont la forme
d'anneaux; ils produisent en avril et mai des chenilles
qui font souvent périr les jeunes arbres. Les chenilles
du *papillon des sapins et des pins* détruisent quelquefois
des forêts entières.

Les chenilles du *papillon processionnaire,* vivent en
société . elles vont en troupes régulières et serrées, à
l'aube, ronger les feuilles des jeunes chênes, et, le
soir, regagnent leurs nids, à la naissance des branches.

La femelle non ailée du *papillon du froid* dépose en automne, même par une température basse, trois cents à
quatre cents œufs dans l'écorce des troncs d'arbre. Les
petites chenilles, munies de dix pieds, éclosent en
avril; alors elles s'attaquent aux jeunes pousses, puis
plus tard aux feuilles. A la mi-juin, elles se suspendent
à des fils pour subir leur seconde transformation. C'est
pour prévenir l'éclosion de la chrysalide qu'on retourne
la terre autour des arbres des jardins, et, de juin à
septembre, on la foule pour la rendre dure, afin que le
papillon ne puisse en sortir. En octobre et novembre,
on entoure l'arbre de goudron, pour que la femelle
non ailée n'y puisse monter pour déposer ses œufs.

D'autres papillons nocturnes sont moins destructeurs, comme le *papillon du frêne,* le *ruban de décora-*
tion, bleu et jaune, dont la petite tête est entourée d'un
collier, comme celui qu'a la chouette.

Le *bombyx* du mûrier ou ver à soie est d'une incon-
testable utilité. Il se nourrit des feuilles du mûrier; sa
chrysalide est enfermée dans un cocon jaune ou blanc;
ce cocon se compose d'un fil de la longueur de deux
cents à quatre cents mètres. Pour conserver ce fil
intact, l'on n'attend pas le moment de l'éclosion, car
le papillon, en en sortant, romprait le fil; quatre à sept
jours avant l'éclosion, on fait périr la chrysalide en la
mettant dans un four chauffé à point, ou en l'exposant
à la vapeur de l'eau en ébullition.

On dévide les cocons dans les filatures, mais avant de
pouvoir être tissée, la soie doit être soumise à de nombreuses préparations.

Le *bombyx du mûrier* vient de la Chine, c'est de là qu'ont été importés en Europe les premiers vers à soie. Aujourd'hui on en élève dans toute l'Europe méridionale, principalement en Italie et en France; mais cette industrie est à l'heure présente peu prospère. La plus grande partie des soies employées provient de la Chine et du Japon.

D — LES PETITS PAPILLONS.

Ils ont des antennes sétiformes et le corps petit et élancé; ils volent, en partie, le jour et la nuit.

La *tordeuse du pommier* dépose ses œufs sur les queues des pommes; huit jours après, la chenille éclôt, perce le fruit qui devient véreux. En automne, elle quitte le fruit, se glisse par les fentes sous l'écorce, s'enveloppe de fil et passe ainsi l'hiver. L'année suivante, en mai, elle devient chrysalide, trois semaines après papillon; aussi doit-on ramasser avec grand soin les fruits véreux.

La *tordeuse du prunier,* la *tordeuse du chêne,* la *tordeuse du sapin,* sont plus ou moins nuisibles.

La *teigne des grains* se met dans les tas de blé qu'elle ronge; pour en purger les greniers, il faut établir un courant d'air sur le blé et le remuer souvent. La *teigne des draps* dépose ses œufs blancs sur les étoffes de laine au commencement de l'été. Il en sort de petits vers nus qui s'enferment et se métamorphosent dans de petits fourreaux, qu'ils forment aux dépens de l'étoffe dont ils se nourrissent.

La *teigne des fourrures* fait de même; les œufs éclos

donnent des vers jaunâtres à tête noire qui s'attaquent aux poils de la fourrure, et s'en forment un tuyau, pour ainsi dire feutré.

La *teigne du miel* gâte, pour l'année. le miel des ruches.

La *teigne du fusain* s'attache aux pommiers et aux poiriers. La *teigne du papier peint* ou *des voitures* perfore les tapisseries et les draps des vieilles voitures. Une espèce commune est la *teigne à cinq plumes*, dont les ailes sont fendues comme des plumes.

III. — HYMÉNOPTÈRES.

Ces insectes ont quatre ailes transparentes et nues, traversées par des réseaux de veines; ils bourdonnent en volant.

La grande guêpe *urocère* vit dans les forêts de sapins et de pins, et ne se nourrit que d'insectes; mais lorsque la femelle veut faire ses œufs, elle perce avec son aiguillon, comme avec une tarière, des trous dans le bois, et dans chaque trou dépose un œuf. La larve éclôt et se développe dans le bois.

La femelle de l'*ichneumon* dépose ses œufs de la même manière dans le corps des chenilles, araignées, pucerons.

Le *cynips* se comporte de la même façon à l'égard des parties molles des plantes; la sève afflue à l'endroit piqué, et forme une excroissance qu'on nomme *galle*. On trouve ces galles à l'envers des feuilles de chêne; en septembre elles atteignent la grosseur d'une cerise, et sont vertes et rouges. La vraie noix de galle, qu'on emploie en teinture et pour faire l'encre, provient d'une espèce de chêne de l'Asie-Mineure.

Comme le coucou, la *chrysis* pond ses œufs dans les nids des autres; et ses larves dévorent la pâture qui ne leur était pas destinée.

Dans la famille des hyménoptères on range aussi les *fourmis,* ces insectes si. connus qu'on trouve en masse dans les arbres creux, sous des pierres, dans des amas de terre et de petits morceaux de bois qu'ils bâtissent eux-mêmes et qu'on nomme fourmilières.

D'après leur couleur et grandeur, on les divise en plusieurs espèces, mais toutes mènent le même genre de vie. On distingue les mâles, les femelles et les ouvrières, individus neutres qui n'ont point de sexe.

A certaine époque de l'année, on voit dans l'air des volées de fourmis à longues ailes qui tourbillonnent jusqu'à ce qu'elles tombent à terre par couple; ce sont les mâles et les femelles; les ouvrières restent toujours sans ailes. Après ce vol dans les airs, les mâles meurent ou se dispersent et deviennent la proie des oiseaux; les femelles perdent leurs ailes et donnent une nouvelle génération. Dans une fourmilière, les ouvrières constituent toujours la majeure partie de la population; seules elles font toutes les affaires, tous les travaux de la communauté; elles construisent et réparent les habitations, nourrissent les larves, portent les chrysalides au soleil pour les réchauffer et les rentrent le soir. Lorsque la colonie est trop peuplée, un certain nombre de femelles, non ailées, sortent à la tête de quelques ouvrières pour fonder un nouvel étab'issement dans le voisinage de l'ancien. C'est pour cela qu'on trouve, à petite distance, de deux à quatre fourmilières.

Les fourmis sont nuisibles en ce qu'elles pénètrent dans les maisons, et s'attaquent aux viandes, aux fruits et aux substances sucrées; mais comme elles détruisent les chenilles, les vers de terre, elles ont aussi leur utilité.

La *guêpe commune* se rencontre dans les jardins, se nourrit de fruits mûrs, d'insectes, et se met sur la viande; la piqûre de son aiguillon est venimeuse.

La plus grande guêpe de l'Europe est le *frelon*, qui est armé d'un redoutable aiguillon. Un essaim de frelons s'abattant sur un cheval peut le tuer. Les frelons, comme les guêpes, vivent en société; ils bâtissent leur nid avec des parcelles de bois et d'écorce, qu'ils détachent, triturent et humectent avec leur salive gluante, pour en former une substance qui ressemble au papier buvard. Le meilleur moyen de détruire un nid de frelons est de l'envelopper lestement d'un linge, et de plonger le tout dans l'eau pendant vingt-quatre heures.

Les *abeilles* composent la famille la plus utile et la plus remarquable de cet ordre. Avant que l'on connût en Europe le ver à soie et la cochenille, on savait déjà apprécier les abeilles à leur juste valeur.

De tous les animaux au service de l'homme, il n'en est pas qui demandent moins de frais; chevaux, vaches, cochons, moutons, ânes, poules, exigent de grands soins; l'abeille va chercher elle-même sa nourriture dans les fleurs qui la lui fournissent sans se flétrir.

Un essaim se compose de la *reine*, des *mâles* ou *bour-dons,* et des *ouvrières* ou *mulets.*

La reine est l'âme de tout l'essaim ; elle est la mère de son peuple d'abeilles, puisqu'elle les a toutes produites ; aussi est-elle traitée avec amour et avec respect. Lorsqu'elle se promène lentement dans la ruche, ses dames d'honneur l'accompagnent : quelques-unes lui présentent du miel, d'autres la nettoient, la caressent avec leur trompe. Si la reine meurt, le désordre, la division, la paresse pénètrent dans la ruche ; tout s'embrouille, tout se désorganise, et si l'espoir d'une nouvelle reine est perdu, les abeilles s'envolent, et leur royaume est anéanti.

Si la ruche est par trop peuplée, une jeune reine se met à la tête d'un certain nombre d'abeilles pour fonder une autre monarchie ; cela s'appelle essaimer.

Les abeilles mâles ne travaillent point, mais aussi, à l'automne, quand les fleurs commencent à passer, la reine chasse les mâles ; s'ils veulent rentrer, ils sont mis à mort. Les ouvrières sont de plus petite taille ; leur nombre est de quinze mille à vingt mille par essaim ; ce sont elles qui construisent les rayons avec la cire, qui élèvent les jeunes larves, et qui récoltent le suc des fleurs, dont elles font le miel, avec une ardeur infatigable ; c'est avec raison qu'on en fait l'emblème de l'activité.

IV. — DIPTÈRES OU MOUCHES.

Les *mouches* ont des ailes membraneuses et transparentes, d'où leur nom de *diptères*, ou insectes à deux ailes. Ce sont des insectes trop connus par leur importunité.

Si la mouche domestique ne pique ni ne suce, elle harcèle, pénètre partout, salit tout ; aussi emploie-t-on tous les moyens pour la détruire.

C'est en août que les mouches sortent de leurs chrysalides brunes et ovoïdes ; leurs vers vivent dans les tas de fumier, de boue, d'ordure. Aussi est-il bon de laisser les poules gratter les fumier pour chercher et détruire ces larves.

Semblable à la mouche domestique est la *mouche piquante*, qui, l'été et l'automne, à l'approche de la pluie, tourmente hommes et bêtes par ses piqûres incessantes ; les murs des écuries sont souvent couverts de ces hôtes importuns qu'on peut balayer et écraser sans remords.

Le *taon* commence à apparaître à la fin du printemps. Il s'attache aux flancs des chevaux et des bœufs, suce leur sang, et leur fait éprouver de cruels tourments pendant les chaleurs et les temps orageux.

Les *cousins* ou *moustiques* sont un véritable fléau dans les pays chauds et humides, ainsi que dans les régions polaires, où ils apparaissent par nuées pendant l'été. Leurs piqûres causent de vives démangeaisons.

Les *vhthiromyes* (mouch s poux) tourmentent les

chevaux, les cochons, les oiseaux en leur suçant le sang; presque chaque espèce d'animaux a son genre particulier de *mouches-poux.*

La *mouche à viande,* pendant les temps chauds, dépose ses œufs dans les viandes. Ils y éclosent rapidement et les vers qui en sortent trouvent de suite leur pâture.

La *mouche des cadavres,* au ventre vert doré se comporte de même sur les animaux morts.

On rattache quelquefois à la même classe les *puces,* qui n'ont point d'ailes. A l'état de vers, elles vivent dans la poussière de bois pourri, dans le fumier et dans tout ce qui est malpropre. Onze jours après la formation de la chrysalide, la puce en sort pour sucer le sang des animaux à sang chaud et les tourmenter.

V. — NÉVROPTÈRES.

Les insectes de cet ordre se distinguent par leurs quatre ailes croisées ; ils ne vivent que d'insectes, et par là sont utiles.

On ne peut voir, sans les admirer, les *libellules,* ces êtres à formes élégantes, qui volent si légèrement à la surface de l'eau, ou se posent sur les broussailles, et saisissent les insectes au passage. Le *fourmi-lion,* plus élancé encore que la libellule, lui ressemble beaucoup. Sa larve à six pattes use d'un procédé remarquable pour prendre les insectes dont elle fait sa nourriture. Elle se construit dans le sable fin un trou en entonnoir et se coule au fond. Survient-il un insecte quelconque

qui glisse dans le trou, il est aussitôt saisi par les pinces
de la larve, qui, après lui avoir sucé le sang, le
rejette hors de sa fosse; si la proie veut lui échapper,
à l'aide de sa tête formée en pelle, elle la couvre de
sable et la fait retomber. Si, pendant plusieurs jours,
aucune proie ne se présente, elle abandonne son trou
pour en creuser un autre dans un endroit qui lui offre
plus de ressources; quelques jours après, elle se transforme en chrysalide en s'entourant d'un fil brillant
comme la soie, auquel adhèrent des grains de sable,
ce qui lui donne l'apparence d'une boule de sable

Les *termites* ou *fourmis blanches,* ne se trouvent que
dans les pays chauds. Ces insectes, très petits et très
destructeurs, vivent en société comme nos fourmis.
Leurs fourmilières, construites en terre glaise et en
sable, ont la forme d'un cône, et présentent quelquefois
quatre mètres de hauteur.

De ces fourmilières, ils pénètrent souvent dans les
habitations par des cheminements souterrains, et y
creusent l'intérieur des boiseries, des poutres, à tel
point qu'il ne reste que la surface.

Il y a quelques espèces de termites qui, en creusant
un objet, le remplissent au fur et à mesure de terre
humectée avec leur salive, afin que l'objet ne puisse
s'écrouler et les écraser dans sa chute.

Aux Indes et en Afrique, les fourmilières abandon-
nées servent de fours aux indigènes.

VI. — ARTHOPTÈRES.

Les *Orthoptères* (insectes à ailes droites) ont quatre ailes inégales; celles de devant sont courtes et ressemblent à du parchemin; celles de derrière sont membraneuses et plissées en long.

Ces insectes sont terrestres. Ils vivent de végétaux, de fruits, quelques-uns sont carnivores.

Le *grillon domestique* fait entendre la nuit son cri, connu sous le nom de *cricri*, qui est dû au frottement des cuisses contre les ailes. Il se tient dans les cuisines, les boulangeries, et autres endroits chauds où il trouve sa pâture. Le seul moyen de le détruire est de ne laisser aucune ordure et de boucher les fentes qui lui servent de retraite.

Le *grillon des champs* se tient dans des trous qu'il creuse dans les terrains secs; son cri est le même que celui du grillon domestique.

La *courtilière* ou *taupe-grillon* est ainsi appelée parce qu'elle fouille la terre pour ronger les racines des plantes.

La *blatte* ou *cafard* s'attaque aux provisions de bouche de toute nature, elle répand une odeur désagréable, elle est un véritable fléau dans une maison.

La *forficule* ou *perce-oreille* se cache dans les fleurs et les fruits.

Les *sauterelles* sont extrêmement voraces. Elles occasionnent peu de dommages dans nos climats tempérés, où elles vivent isolément. Mais dans les pays

chauds de l'Orient et le Nord de l'Afrique, les sauterelles de *passage* ou *criquets* apparaissent en masses si
considérables à travers les airs, qu'elles forment comme
d'épais nuages. Malheur aux champs sur lesquels elles
s'abattent; arbres, récolte, verdure, tout est dépouillé,
rasé, dévoré; il ne reste qu'un désert. Si c'est un terrain encombré de ronces et d'épines, il est déblayé
pour la culture. Mais ce n'est là que l'exemption. Leur
mort même est un nouveau fléau. Qu'un coup de vent
les précipite à la mer, qu'une pluie d'orage les abatte
sur le sol, leurs cadavres amoncelés entrent en putré-
faction et deviennent un foyer pestilentiel.

VII. — HÉMIPTÈRES.

Parmi ces insectes il en est dont l'aspect est si répu-
gnant pour nous, que nous no pouvons en prononcer le
nom sans dégoût; mais le naturaliste trouve dans l'être
le plus abject, le plus insignifiant, un vaste sujet
d'observations intéressantes; tels sont les *punaises* et
les *poux*.

Les hémiptères sont caractérisés par leurs organes
de mastication enfermés dans un étui en forme de bec,
qu'on nomme suçoir. Ils ont deux ou quatre ailes; en
ce dernier cas elles sont inégales; quelques-uns en sont
dépourvus.

L'affreuse *punaise des lits* se trouve dans nos habitations et dans les colombiers. Le jour, elle reste cachée
dans les fentes; la nuit, elle en sort pour se diriger

vers les personnes endormies et se repaître de leur sang.

On a prétendu qu'elle nous venait d'Amérique, d'où elle se serait répandue partout. Son corps est rouge brun, non ailé, de moins d'un centimètre de long.

La femelle pond deux cents œufs chaque été. Cette fécondité ajoute encore à l'incommodité, de ces hôtes répugnants et si difficiles à expulser. On a imaginé toutes sortes de moyens pour en débarrasser les boiseries, les murs et les lits.

La *punaise des bois* exhale une odeur pénétrante et désagréable. Elle vit sur les plantes.

Les *pucerons*, ailés ou non ailés, sont de diverses couleurs, verts, noirs, bruns, jaunâtres et jaunes; ils vivent en petites colonies sur les jeunes pousses, percent un trou dans l'écorce avec leur bec très délié, et sucent la sève des plantes jusqu'à ce qu'elles périssent. Ces insectes nuisibles et d'une prodigieuse fécondité rencontrent heureusement de nombreux ennemis : guêpes, mouches, coléoptères, punaises, teignes, fourmis, qui en font leur pâture.

Par une chaude journée de printemps, quand on est assis sous un tilleul ou un acacia, on sent tomber une pluie fine, ou quelquefois de grosses gouttes; ce liquide est distillé par les pucerons, il est fort recherché des fourmis.

Les piqûres des pucerons déterminent sur les feuilles et les jeunes tiges des végétaux des espèces d'excroissances remplies d'un liquide visqueux et sucré, qu'on désigne sous le nom de *miellat*.

L'ordre des hémiptères comprend encore un insecte d'une rare utilité; c'est la *cochenille,* qui fournit une belle teinture rouge.

L'espèce la plus renommée est la *cochenille* du Mexique; elle vit et se multiplie sur divers cactus, notamment sur le nopal, que les Mexicains plantent autour de leurs habitations.

On récolte ces insectes par un temps de pluie. On les plonge dans l'eau bouillante et on les fait sécher. Sept cent mille insectes ainsi préparés pèsent un demi-kilogramme. C'est ce qui explique le prix très élevé de cette couleur, qui est l'objet d'un commerce considérable.

2. — ARACHNIDES.

On dit quelquefois des personnes qui ne peuvent s'entendre : elles vivent en querelle comme des araignées; ce qui veut dire que les araignées sont insociables, méchantes, traîtresses, et que si elles ne se disputent pas, elles se mangent les unes les autres, sans parler des insectes auxquels elles font une guerre acharnée.

L'araignée est d'une laideur repoussante. Elle distille un venin qui tue les insectes qu'elle attrape. Toutefois ce venin n'offre aucun danger pour l'homme.

C'est un insecte industrieux; il tisse des toiles dont le fil est d'une finesse à défier le plus habile ouvrier. Leur corps est pourvu de quatre à six papilles ou petites verrues qui ont chacune une multitude de

trous. De ces trous elles font sortir une substance
gélatineuse qui prend de la consistance à l'air et à
l'aide de leurs pattes elles réunissent tous ces fils en un
seul.

Les toiles d'araignées sont tissées de différentes
manières : l'*araignée porte-croix* étend sa toile molle et
circulaire perpendiculairement, l'*araignée domestique*
fait sa toile d'un tissu épais, toujours horizontalement
et dans les angles des murs; au fond de la toile, dans
une espèce d'entonnoir, elle se tient cachée et guette la
proie qui tombe dans ses filets.

L'*araignée labyrinthe* fait sa toile en entonnoir dans
les broussailles.

Quelques espèces d'araignées, telles que la *tarentule*
de l'Italie, l'*araignée des murailles* de la France méridionale, demeurent dans des trous et conduits souterrains, qu'elles tapissent de fine toile.

Elles ne font point de toile pour prendre les insectes;
elles les attrapent à la course ou en sautant : d'où leur
nom de *vagabondes;* tandis que les autres sont dési-
gnées sous le nom de *fileuses.*

Toutes les araignées ont huit pattes et six à huit yeux
qui brillent dans l'obscurité ; quelques espèces se construisent une demeure pour l'hiver, ou bouchent l'ouverture de celle qui leur a servi l'été; elles y restent
dans un engourdissement léthargique dont elles ne
sortent qu'aux douces chaleurs du printemps.

Les variations de l'atmosphère agissent sur leur
nature impressionnable; si le temps est nuageux, si un
orage se prépare, l'araignée ne file pas sa toile et reste

dans son trou; si au contraire, le temps est beau, elle travaille; ce qui fait dire que l'araignée annonce le beau et le mauvais temps comme un baromètre.

Les *scorpions* appartiennent à la classe des arachnides; ils ressemblent aux écrevisses, seulement leurs pinces tiennent à la tête, tandis que chez les écrevisses elles sont au nombre des pattes. Les scorpions habitent les pays chauds. On les trouve sous les pierres et dans les endroits frais et sombres. La nuit, ils sortent et courent partout avec vitesse en recourbant leur queue sur leur dos et ouvrant leurs pinces; ils ont ainsi un aspect effrayant. Ils portent au bout de la queue un aiguillon qui donne issue à une liqueur venimeuse. Leur piqûre produit l'enflure et des douleurs assez vives, mais, sans danger, que l'on calme assez aisément. Il n'en est pas de même de la piqûre du scorpion africain, qui est mortelle.

3. — CRUSTACÉS.

Les *écrevisses* habitent nos rivières et nos ruisseaux. On les voit rarement le jour, parce qu'elles se tiennent cachées dans les anfractuosités. Notre écrevisse commune se creuse un trou de la grandeur de son corps, et n'y entre qu'en reculant, ce qui lui permet de voir son ennemi approcher, et de se défendre avec ses pinces.

La surface de ses pinces est rugueuse, et l'intérieur est garni de pointes aiguës qui piquent, si elle en fait usage. Lorsqu'on arrache une pince à une écrevisse, une autre repousse peu à peu.

De juillet à septembre, sous leur carapace s'en forme une autre, mince et molle, qui fait tomber l'ancienne. Dans cet état l'animal se sent vulnérable et se cache dans sa retraite pour ne pas être la proie de ses ennemis; trois à cinq jours après, la carapace durcit, et l'écrevisse se remet en campagne

L'écrevisse est d'un brun verdâtre. Elle ne dépasse pas en longueur dix-sept à dix-huit centimètres; à la tête elle a des yeux visibles, et quatre antennes; la poitrine est pourvue de dix pattes; pour respirer elle a des branchies entre les pattes; elle peut vivre vingt ans. La nuit, elle cherche sa nourriture, vers, insectes, coquillages, grenouilles, petits poissons, charogne; la femelle fait au printemps deux cents œufs, qui restent adhérents à sa queue jusqu'à l'éclosion.

Le *homard* et la *langouste* sont deux grandes écrevisses de mer à chair savoureuse et recherchée.

Le homard a des pinces à toutes les pattes; les deux de devant quoique d'inégale grandeur sont formidables. Il atteint quelquefois cinquante centimètres de longueur.

Le *crabe* a le corps ramassé, couvert d'une cuirasse calcaire plus large que longue. Il marche ordinairement de côté. Il se trouve dans les mers d'Europe. Sa chair se mange, mais elle n'est pas d'une digestion facile.

Le *crabe de terre* habite l'Amérique méridionale, dans des trous d'où il ne sort que le soir; pour faire leurs œufs, les femelles se réunissent et se dirigent en masse vers la mer.

A l'ordre des crustacés appartiennent : la *crevette*, petite écrevisse à quatorze pattes, qu'on rencontre dans les ruisseaux, mais surtout dans les eaux salées ; le *cloporte*, animal nocturne, qui se trouve dans les endroits humides, les caves, sous des pierres, et vit de matières en décomposition ; le *pataud*, qui apparaît en grand nombre dans les marais et dans les fossés après les étés pluvieux.

4. — VERS.

Les vers existent dans la nature en nombre incalculable. On en trouve dans les eaux, dans la terre, dans les sables, dans la fange, sous les broussailles, et jusque dans le corps de l'homme et des animaux. Ils ont le corps allongé, composé d'anneaux de chair entourés d'une peau molle et glissante, sans vertèbres ni membres articulés, ni tête distincte. Quelques-uns ont le sang rouge, les autres blanc. En ce qui concerne les organes des sens, on distingue chez quelques-uns des yeux rouges ou noirs, des lèvres minces comme un fil, et des tentacules, tandis que chez d'autres il n'existe aucune trace de ces organes. En déployant et contractant alternativement leurs anneaux, ils se déplacent et rampent sur le sol. Ils se reproduisent par génération de petits vivants, ou par des œufs, souvent aussi par division naturelle ou accidentelle de l'individu.

Les *vers de terre*, les *sangsues*, et les *entozoaires* sont les principales familles de cet ordre.

Le *lombric* ou *ver de terre* vit dans les sols frais et

dans les fumiers. Il se nourrit de substances animales
et végétales. Il ronge les racines des plantes de nos
jardins, ce qui les fait dépérir rapidement. Il absorbe
aussi une certaine quantité de terre. Pour le détruire,
il ne suffit pas de le couper, car chaque fragment peut
devenir un autre ver; il faut l'écraser complètement.

Les *sangsues* ont le corps plat, un peu arrondi,
pourvu à chaque bout d'un suçoir qui facilite leur
locomotion sur terre; elles attachent le suçoir de derrière, étendent le corps et fixent le suçoir de devant
dans la direction qu'elles veulent prendre pour se con-
tracter ensuite, et recommencer le même manége.
Dans l'eau, elles nagent en serpentant; elles vivent
dans les marais, les étangs, les ruisseaux; elles se
nourrissent de petits animaux aquatiques, et sucent le
sang de grands animaux. L'espèce de sangsue employée
par la médecine pour tirer le sang des parties malades
du corps, est connue sous le nom de *sangsue médicinale.*
Cette espèce de sangsue est devenue rare en Europe.
La réaction qui s'est accomplie contre l'usage immo-
déré des saignées rend cette pénurie moins sensible.

La *sangsue de cheval,* plus grande et non rayée, se
trouve dans les eaux douces du midi de l'Europe et du
nord de l'Afrique. Elle s'attaque aux bestiaux.

Les *entozoaires* ou *vers intestinaux* ont le corps plat
et une tête très ténue, munie de quatre suçoirs. Ils
vivent dans les entrailles de l'enfant, de l'homme, des
animaux, et déterminent un état de malaise sinon de
maladie.

Le *ténia large* a de six à huit mètres de long. Les

Russes, les Polonais, les Français, les Suisses, en sont
atteints plus souvent que les Allemands, les Anglais et
les Hollandais, qui ont eux-mêmes quelquefois le *ténia
à longs anneaux,* ver mesurant jusqu'à trente-cinq
mètres, et plus difficile à détruire, ses morceaux formant de nouveaux individus.

Les *hydatides* vivent dans l'intérieur des animaux,
dans le lard du porc, dans le cerveau des moutons.
Leur présence produit chez ces derniers la maladie
nommée tournis, et chez le porc la ladrerie.

VI. — MOLLUSQUES.

Les *mollusques* sont pourvus d'organes ae digestion
et de respiration, mais leur corps, mou, sans squelette
intérieur ou extérieur, sans membres articulés ne leur
permet de se mouvoir qu'avec lenteur. Leur peau est
molle, gluante et si ample, que le corps en est enve-
loppé comme d'un manteau ; souvent le manteau est
lui-même recouvert d'une coquille solide, d'une seule
pièce, comme chez les escargots, ou de deux, comme
dans les huîtres.

La plupart des mollusques vivent dans les mers ;
quelques-uns sont terrestres ; ils recherchent les lieux
humides. Ils se nourrissent de substances végétales ou
animales.

Quelques mollusques donnent des teintures ; d'au-

LES RÈGNES DE LA NATURE.

Les Poulpes.   (P. 125.)

1re g. in-8.

tres la nacre et les perles fines. Les coquilles peuvent
servir à faire de la chaux; on recherche les plus belles
comme objets décoratifs.

On connaît onze mille espèces de mollusques, que
l'on divise en trois classes :

1. — CÉPHALOPODES.

Chez ces mollusques les organes qui servent à la
locomotion s'insèrent soit sur la tête, soit autour de la
tête et de la bouche, de manière qu'ils se traînent, le
corps en haut et la tête en bas. Tous les *céphalopodes*
sont marins. Ils sont très-voraces, et se nourrissent
principalement de crustacés et de poissons, dont ils
s'emparent à l'aide de leurs bras souples et vigoureux,
et qu'ils dévorent facilement au moyen de leurs fortes
mandibules.

Les *poulpes* n'ont pas de coquille extérieure. Leurs
pieds sont au nombre de huit, tous à peu près égaux,
très grands à proportion du corps, pourvus de suçoirs,
et réunis à leur base par une membrane. L'animal s'en
sert également pour nager, pour ramper, et pour saisir
sa proie. Leur longueur et leur force en font pour lui
des armes redoutables, au moyen desquels il enlace les
animaux, et souvent fait périr les nageurs.

Les *seiches* portent également sur la tête huit pieds
chargés de petits suçoirs, et en outre deux bras beaucoup plus longs, armés de suçoirs seulement vers le
bout, qui est élargi. Leur coquille est ovale, épaisse,

bombée, et composée d'une infinité de lames calcaires très-minces.

Les *calmars* ont dans le dos, au lieu de coquille, une lame de corne, en forme d'épée ou de lancette. Outre huit pieds, chargés sans ordre de petits suçoirs, leur tête porte deux bras plus longs, dont le bout élargi est armé de suçoirs. On en voit quelquefois de la grosseur d'un tonneau.

2. — LIMAÇONS.

Les *limaçons* ont le dessous du corps pourvu d'une peau épaisse et musculaire qui leur permet de ramper. La tête est visible et porte deux ou quatre antennes; les yeux, très-petits, sont à l'extrémité de ces antennes; chez quelques-uns ils font défaut. Leur dos est surmonté d'une coquille calcaire en spirale, où ils s'enferment à volonté.

Le *limaçon de vigne* ou *escargot*, très-vorace, se contente ordinairement d'herbes, et n'endommage que rarement les plates-bandes. En les regardant attentivement, on remarque que la tête et le corps n'ont pas de ligne de séparation. Ses quatre antennes inégales sortent ou rentrent à volonté. Ses yeux forment deux petits points noirs à la pointe des grandes antennes.

Au moindre danger, il se retire dans sa coquille en spirale, blanche intérieurement, marron-jaune, à rayures fondues en dehors.

L'*escargot* se trouve en Allemagne, en France, en Italie et presque dans toute l'Europe centrale et méridionale, dans les broussailles, les haies, les jardins, les vignes; le jour il se cache; la nuit, ou pendant et après la pluie, il apparaît. En automne, il s'enferme dans sa coquille dont il bouche l'entrée au moyen d'une membrane calcaire. Il dépose ses œufs dans des trous qu'il creuse lui-même; à l'éclosion, le jeune limaçon porte déjà sur son dos sa coquille.

On sait que les escargots sont un mets fort recherché des gourmets, et que, dans bien des pays, c'est une petite branche de commerce. On ne se contente pas de les récolter; on en élève dans des fossés, disposés pour cet usage, où on les nourrit d'herbes et de salade. En automne, on les transporte par tonneaux sur les marchés.

Le *limaçon des jardins* se trouve souvent dans les jardins humides, sur les murs. Sa coquille est jaune, à rayures brunes, en rampant il laisse une traînée gluante et brillante; dans les temps humides, il est funeste aux semences de pois, de haricots et de cornichons, qu'il ronge avec voracité; pour l'empêcher de gagner les plates-bandes, il faut semer autour une couche de cendres ou de plâtre. On les détruit aussi en les attirant avec des branches de saule pelées, ou des bouchons de paille mouillée; il est facile alors de les exterminer.

L'*hélice succinée* a la coquille ovale, très-mince et d'un jaune de cire. Elle vit sur les plantes aquatiques, et rampe dans le voisinage des eaux par les temps humides.

Le *limaçon des bosquets* a la coquille jaune ou rou-

geâtre, à rayures brunes. Chaque espèce se distingue
par la forme et la couleur de sa coquille. Il y en a de
très-remarquables.

Les *limaces* n'ont point de coquille apparente sur le
dos. Mais on remarque chez elles, au-dessus de la tête,
cachée sous le manteau, une petite pièce calcaire.

La *grande limace des chemins*, longue de huit à
treize centimètres quand elle s'étend, varie du noir au
jaune orange. Son dos est ridé; sous le rebord du manteau se trouve l'ouverture par laquelle elle respire.

La *limace rouge de terre* est de la même grandeur.

La petite *limace noire des jardins* et la *limace agreste*,
d'un gris sale, font de terribles ravages parmi les
jeunes plantes de nos champs et de nos jardins, quand
une saison humide favorise leur multiplication.

Toutes ces espèces se trouvent également dans les
bois, les jardins, les fossés des chemins. En temps sec,
on les voit matin et soir, et par la pluie toute la
journée.

La *limace grise des caves* est aussi nuisible; elle s'attaque aux provisions et légumes conservés dans les
caves et celliers.

En médecine on fait usage de bouillon et de sirop de
limace contre les affections de poitrine.

3. — COQUILLAGES OU ACÉPHALES.

Les *acéphales* n'ont aucun organe visible des sens;
ils vivent dans les étangs, lacs, rivières et mers. Leur
corps est une masse molle, informe, enveloppée d'une

large peau ou manteau; entre les plis de ce manteau est la bouche. Ils respirent comme les poissons, par des branchies. Ils ont pour abri et demeure une coquille composée de deux valves calcaires, reliées ensemble d'un côté par une charnière qui joue à la volonté de l'habitant. Ils entr'ouvrent leur coquille pour recevoir leur proie, et la referme aussitôt qu'ils s'en sont saisis. A l'approche d'un ennemi, ils s'enferment de la même manière.

Dans toutes nos rivières, on trouve la *moule des peintres*, ainsi appelée parce que les peintres conservent leurs couleurs dans ses coquilles en forme d'œuf, terminées par un bout en pointe. Cette moule atteint huit à dix centimètres de longueur. Au-dehors, sa coquille est noirâtre, intérieurement d'un blanc bleuâtre et nacré.

La *moule commune* se trouve dans la plupart des mers, le long des côtes. Sa chair est d'un goût agréable, surtout en hiver.

La *moule perlière* habite en grande quantité les profondeurs des mers orientales, où des plongeurs vont la recueillir. Cette pêche se pratique surtout dans le golfe Persique, près de l'île de Bahrein, sur les côtes de l'Arabie, non loin de la ville de Kalif, et sur la côte occidentale de l'île de Ceylan. On en récolte aussi au Japon et même dans quelques fleuves d'Europe.

On croit que les perles ne sont autre chose que des excroissances maladives déterminées par 'a piqûre d'insectes. Ce sont de petits corps sphériques d'un blanc nacré, argentin, mat et chatoyant, qu'on trouve dans les anfractuosités de la coquille, sous le corps de l'animal. Leur valeur dépend de leur grosseur, de leur pureté, de leur éclat. De tout temps elles ont se vi de bijoux et de parure aux princes orientaux et aux dames.

La coquille de la moule perlière donne la *nacre*, dont on fait des boîtes, des manches de couteau, des boutons et mille objets divers.

L'*huître*, se trouve dans toutes les mers de la zone torride et de la zone tempérée. On la prend par millions sur les côtes de peu de profondeur, où elle constitue ces énormes amas connus sous le nom de bancs. On la pêche de septembre à fin avril. De petits bateaux montés par deux ou trois hommes promènent sur les bancs des dragues, espèces de rateaux en fer, garni d'un filet. Les huîtres sont ainsi détachées du banc et recueillies avec facilité. Mais elles n'acquèrent une saveur délicate qu'après avoir été parquées pendant quelques temps.

L'huître est une nourriture très-saine et très-délicate qui fait l'objet d'un commerce et d'une industrie considérables. On recherche plus particulièrement en France les huîtres de Cancale, d'Ostende et de Marennes.

Le *taret* est un petit mollusque au corps très-allongé, en forme de ver. Sa coquille épaisse et solide se termine en un tube cylindrique. Il vit enfoncé verticalement, la bouche en bas, dans les pièces de bois constamment immergées dans l'eau salée, qu'il détruit en les criblant de trous. Il s'attaque aux pilotis, à la coque des navires.

La Hollande est à chaque instant menacée de voir ses digues ruinées par ce petit animal.

VII. — ZOOPHYTES OU ANIMAUX RAYONNÉS.

On désigne sous ce nom les animaux dont l'organisation est la plus simple. Les animaux rayonnés ont, au lieu de bouche, des pattes qui partent de l'estomac et sucent la nourriture. Ils se distinguent si peu des végétaux qu'on peut les considérer comme le point de transition entre les animaux et les plantes. La plupart des zoophytes vivent en nombre immense dans les mers les plus chaudes ; il en est de si petits qu'on ne peut les distinguer qu'avec un microscope.

On les divise en quatre classes :

Les *échinodermes,* les *acalèphes,* les *polypes,* et les *animalcules infusoires.*

1. — ÉCHINODERMES.

Ces zoophytes sont couverts d'une peau à incrustations calcaires, à pointes mobiles, et pourvus de rangées de suçoirs. A cette classe appartiennent les *oursins* et les *astéries.*

L'*oursin commun* qu'on trouve souvent sur nos côtes, dans les rochers, est gros et rond comme une pomme ; il a à peu près douze cents épines ; sa bouche se trouve en dessous de son corps, et au milieu. Il se nourrit de petits mollusques.

10

L'*astérie commune* est plate et ronde; son corps se compose de cinq rayons réunis autour d'un centre; elle est rougeâtre. Elle se colle, par ses suçoirs ou tentacules aux pierres et autres corps durs; dans la Méditerranée et la Manche, elle est si abondante qu'on l'emploie à fumer les terres.

2. — ACALÈPHES.

Les *acalèphes* se composent d'une substance molle et transparente. Ils sont de forme ronde et plate ou demi sphérique. La bouche est entourée d'un grand nombre de tentacules. Ils nagent en pleine mer. Quand on les touche, on éprouve sur la peau une vive démangeaison; analogue à celle occasionnée par la piqûre de l'ortie, ce qui leur a valu leur nom (*acalèphe veut dire en grec ortie*). Plusieurs espèces sont phosphorescentes.

Les *méduses* nagent en contractant et dilatant alternativement leurs corps. Les *physalies* flottent à la surface des mers au moyen d'une vessie natatoire assez semblable à celle des poissons.

Les *velelles* sont surmontés d'une espèce de crête extrêmement mince et légère, qui leur sert de voile.

Tous les acalèphes sont remarquables par leurs brillantes couleurs, la bizarrerie de leur forme et de leurs mœurs.

5. — POLYPES.

Les *polypes* vivent fixés au sol des mers. Leur corps, de forme cylindrique ou conique, ne présente le plus souvent dans son intérieur qu'une cavité qui sert d'estomac. La bouche est entourée de tentacules, que l'on prenait jadis pour des pieds; d'où le nom de polype, c'est-à-dire à plusieurs pieds. La plupart de ces animaux singuliers ont la faculté de former des êtres composés, en poussant de nouveaux individus, comme des bourgeons, qui restent agrégés au corps principal. Ils jouissent aussi d'une curieuse propriété : chaque fragment détaché devient en peu de temps un nouvel individu complet.

Sur les côtes de France se trouvent plusieurs sortes d'*actinies* ou *anémones de mer*.

Les espèces de polypes les plus surprenantes sont les *madrépores* ou *polypes à polypiers*. Ils produisent des anneaux calcaires, connus sous le nom de coraux qui par leur accumulation dans les mers intertropicales forment des bancs et écueils très-dangereux pour la navigation. Ces constructions sous-marines ont une telle importance dans une partie de l'Océan pacifique, qu'elle a pris le nom de Mer de Corail.

Le *corail rouge,* susceptible de recevoir un beau poli, et dont on fait des bijoux, se pêche dans la Méditerranée. Il se présente sous la forme de rameaux dépouillés de feuilles.

4. — INFUSOIRES.

Lorsque vous mettez des fleurs dans un vase, vous prenez soin que les tiges baignent dans l'eau. Au bout de quelques jours, regardez au microscope une goutte

de cette eau; vous y verrez une multitude d'insectes,
plus monstrueux les uns que l s autres : il y en a qui
ont cent pieds; d'autres des têtes horribles, armées
d'antennes qui semblent des lances; ceux-là sont des
serpents, des araignées comme vous n'en avez jamais
vus. Tous ces animalcules nageant dans une goutte
d'eau, qui est pour eux un monde, sont connus sous le
nom d'*infusoires*. Tel de ces petits êtres, que vous ne
pouvez voir à l'œil nu, a moins d'un millième de
millimètre de longue r.

Cependant des passions agitent ces peuplad s invisi-
bles : elles se font la guerre comme les carnassiers,
s'entre-déchirent et deviennent la proie les unes des
autres. La plupart des *infusoires* sont nus, d'autres
couverts d'une écaille calcaire ou siliceuse; à quelques-
uns on remarque une queue, à d'autres des poils, des
suçoirs. Chez aucun on n'a pu distinguer d'organes des
sens; cependant, deux petits points noirs qu'on remarque au-dessus de la bouche dans quelques espèces,
semblent être des yeux. Dans l'intérieur du corps, ils
nt de petits creux q i sont l'estomac.

Le plus microscopique de ces animalcules est la
monade, qu'on peut voir dans l'eau qui a séjourné sur
des graines de plantes, c'est-à-dire dans l'eau corrompue. L'*animalcule à œil* est aussi d'une extrême petitesse;
il a une queue comme un fil et un point rouge qu'on
prend pour un œil. L'*animalcule disque,* plat et oblong,
occupe dans l'espace un centième de millimètre. L'*animalcule boule* a sept dixième de millimètre; il est
visible à l'œil nu; au microscope, on le voit tourner
régulièrement sur lui-même.

Les *infusoires* existent en si grand nombre dans certaines eaux qu'elles en sont colorées. La couleur rougeâtre des eaux stagnantes tient à la présence des monades.

Leur reproduction est si rapide qu'ils ont embourbé des ports de mer. D'autre part ils servent de nourritura à quantité d'autres animaux.

Enfin, ils sont pour nous la preuve que rien dans la nature n'est insignifiant, et que la toute-puissance du Créate r se manifeste dans la goutte d'eau aussi bien que dans l'immensité de l'Océan.

RÈGNE VÉGÉTAL

I

Au printemps, quel charmant aspect nous offre la campagne! comme la nature rajeunie étale pour nous toutes ses parures! Les arbres fruitiers se couronnent de fleurs; les prairies, d'un vert tendre, s'émaillent de mille couleurs; les forêts, revêtues de leur parure nouvelle, aux nuances si douces, si réjouissantes pour l'œil, nous attirent sous leurs voûtes de verdure, et les oiseaux y reviennent pour célébrer par leurs chants cette renaissance de notre vieux monde.

Avant de former l'homme et les animaux, Dieu créa d'abord les plantes, afin qu'elles leur donnassent nourriture et abri. Quelle admirable sagesse! Que deviendrions-nous sans la végétation sur cette terre dénudée? Nous ne verrions que terre, eau et pierres, exposés à l'ardeur du soleil, aux intempéries des saisons, à la faim surtout, puisque c'est le règne végétal qui nous procure presque tous nos aliments : blés, légumes, fruits. Il nous fournit des boissons, des huiles, del épices, des médicaments, le sucre, le bois, le coton. Nos animaux domestiques, qui nous donnent le reste, lui doivent leur nourriture.

Les plantes purifient l'air, et le soir l'embaument de doux parfums.

Ce sont encore les plantes qui, en pourrissant, engraissent et fument le sol.

II

Les diverses espèces de plantes sont réparties sur la surface de la terre comme les animaux. La zone torride est la plus riche. Sous les ardeurs du soleil tropical, la nature produit avec une activité et une vigueur infatigables la végétation la plus belle, la plus luxuriente : le palmier élancé élève vers le ciel sa couronne majestueuse; les arbres à essence parfument l'air; d'autres donnent le baume qui guérit, la cire qui éclaire, le camphre qui garantit des vers; le caféier pousse près du cotonnier; l'arbre à thé à côté de l'indigotier; ici, le riz remplace le blé; là, l'arbre à pain, le dattier, le bananier nourrissent les indigènes de leurs fruits savoureux.

Habitants de la zone tempérée, nous nous trouvons moins richement dotés. Nous avons cependant des prairies herbeuses qui donnent la pâture à nos animaux domestiques; nos blés croissent en abondance; les vergers nous prodiguent leurs fruits, et la vigne son

doux raisin qui se transforme en un breuvage fortifiant;
se bois des forêts construit nos demeures et pourvoit au
chauffage; des fleurs nombreuses embellissent nos jardins, ou charment nos yeux par leurs vives couleurs, et
notre odorat par leurs agréables parfums.

Plus on approche des pôles, plus la végétation devient pauvre et maigre. Si les pins et les sapins résistent au froid, ils deviennent difformes et petits. Le
renne, animal très-sobre, ne se nourrit que de mousses,
qu'il va chercher sous la neige et la glace.

III

Si l'on examine attentivement la structure des plantes, on ne peut s'empêcher d'admirer cette œuvre
vraiment inimitable de la nature, que l'homme, avec
tout son art et tous ses talents, est impuissant à reproduire.

Cependant que'que belles que les plantes apparaissent à nos yeux, elles sont uniformément formées de
cellules.

On donne ce nom à de petites vessies, de forme
variable, oblongues, ovales, hexagonales, etc., de
moins d'un centième de millimètre de diamètre, dis-
tinctement visibles au microscope seulement. Leur
réunion constitue le tissu cellulaire.

Dans cette masse circulent de petits canaux, allant
des racines aux feuilles, destinés au transport des
liquides et gaz, qui servent à l'entretien de la plante.

IV

La vie végétale a besoin pour se développer de lumière, de chaleur, d'air et d'humidité. Si ces éléments lui sont fournis, si elle est placée dans un sol convenable, la plante croît et prospère.

La plante se compose de diverses parties, savoir : *racines, tronc* ou *tige, branches, rameaux, feuilles, fleurs* et *fruits.*

Les *racines* affectent différentes formes : elles sont *pivotantes, ramifiées, fibreuses, tuberculeuses,* etc. ; elles servent à la fois à fixer la plante au sol, et à y puiser les fluides qui contribuent à sa nutrition. Aux racines succède le tronc ou la tige, qui tantôt sort à peine du sol, tantôt s'élève dans les airs sous forme d'une colonne cylindrique.

Les arbres et arbrisseaux ont un tronc fibreux et solide, connu sous le nom de bois. Les herbes ont une tige verte et flexible. Le tronc ou la tige conduit la sève des racines aux feuilles, et sert de support à la plante. Quand on coupe un tronc transversalement, on distingue, à commencer par l'extérieur, d'abord l'*épiderme,* puis l'*écorce,* l'*aubier,* le *bois* et la *moelle.*

L'*écorce* est l'enveloppe protectrice ; au dessous se trouve le *cambium,* matière encore liquide, qui joue un rôle de la plus grande importance dans la vie végétale, car c'est par elle que le tronc se forme et s'accroît ; quand on attaque l'écorce, le cambium se dessèche, la circulation s'interrompt, et l'arbre dépérit.

Sous l'écorce se forme l'*aubier* ou jeune bois, dont la couche annulaire se durcit et forme chaque année un nouveau cercle; sous l'aubier est le *bois dur*, et au centre se trouve la *moelle*, qui, dans les grands arbres, se dessèche et laisse vide le tuyau qui la recélait.

Du tronc sortent les *branches*. Les branches donnent naissance aux *rameaux*, qui servent eux-mêmes de support aux *feuilles*. Les feuilles sont presque toujours vertes; leur pose et leur forme varient à l'infini. On peut les considérer comme les organes de respiration des plantes. Vers l'automne elles tombent presque toutes à la fois; ou bien elles durent plusieurs années; mais alors elles se détachent une à une successivement. Quand un arbre perd ses feuilles avant l'époque régulière, par exemple par le fait des chenilles, il périt faute de respiration.

La *fleur* est la partie la plus éclatante, mais aussi la plus éphémère de la plante. C'est un des grands charmes de la nature; les blanches fleurs des arbres fruitiers, l'or de celles du colza, la pourpre et l'azur des prés fleuris revêtent à certains jours le paysage comme d'une parure de fête.

Les fleurs ne nous ravissent pas seulement par leur beauté; elles nous attirent par leurs suaves et doux parfums; et nous les admirons sans songer qu'elles unissent encore l'utile à l'agréable; car c'est la fleur qui produit le *fruit*. Dans quelques espèces seulement, de l'ordre le plus bas, elle fait défaut.

La fleur se compose du *calice* et de la *corolle;* au milieu se trouvent les organes de la fécondation, les

Les Palmiers.   (P 141.)

1re g. in-8.

pistils et les *étamines,* qui diffèrent en nombre et en
forme. Dans la fleur se développe le fruit qui lui succède. La partie capi'ale du fruit est la *graine,* où est
enfermé le germe d'une plante future. C'est ainsi que,
sorti lui-même d'une graine, le végétal produit une
semence qui assurera la perpétuité de l'espèce.

V

Les plantes n'ont la faculté ni de se mouvoir, ni de
sentir comme les animaux. Elles se reproduisent par
graines; elles croissent, vivent et meurent.

Leur nombre est immense, et il serait impossible
d'en donner un aperçu, si on ne les avait groupées,
d'après certains caractères communs, en quelques
grandes divisions. Il existe plusieurs méthodes de
classification scientifique. Le système le plus simple
consiste à en former six classes : *palmiers, arbres,
arbrisseaux, herbacées, graminées* et *cryptogames* ou
plantes sans fleurs et sans fruits apparents.

I. — PALMIERS.

Le *palmier* est l'une des plus belles et des plus précieuses productions de la terre. A lui seul il produit
tout ce qui est nécessaire à la vie de l'homme. Pour les
peuples de la zone torride cette inépuisable fécondité
est l'un des bienfaits les plus évidents de la Providence.

Nous demandons à des végétaux différents les fruits, la farine, le bois, le vin, la matière première de nos tissus ; dans le palmier se trouvent réunis tous ces produits divers. En général, le palmier est moins un *arbre* qu'une plante gigantesque ; le tronc mince, haut, droit, élancé et sans branches, est couvert à la surface d'écailles ligneuses, vestiges des tiges et des feuilles qui ont disparues. Le jeune palmier sort de la graine en une simple feuille, semblable à un brin d'herbe. Lorsque cette feuille tombe, d'autres la remplacent ; elles tombent aussi en laissant au tronc, qui pousse en hauteur, ces écailles, lesquelles lui tiennent lieu d'écorce. Le tronc est également dépourvu de branches et de rameaux. Au sommet sortent de jeunes pousses qui, dans l'arbre parfait, forment un magnifique diadème de feuilles.

Les feuilles du palmier, qui atteignent dans quelque espèce jusqu'à six à sept mètres de long, sont toujours vertes. Elles sont pendantes ou se développent en éventail. La croissance du palmier est lente ; ses fleurs sont très-petites et forment des grappes, ainsi que les fruits qui leur succèdent.

Les espèces de palmier les plus utiles sont le *cocotier*, le *sagoutier*, le *dattier*.

Le *cocotier* atteint la hauteur de vingt à vingt-cinq mètres. Le tronc n'a que soixante centimètres de diamètre au niveau du sol, et la moitié au sommet. Son tronc élancé et gracieux, un peu incliné, et couvert à sa surface de cicatrices semi-circulaires laissées par les feuilles caduques.

Cet arbre porte des fruits en forme d'œufs de la grosseur de la tête d'un enfant, qui portent le nom de cocos. Ils renferment un liquide blanc, connu sous le nom de lait de coco, qui est une boisson rafraîchissante. A mesure que le fruit mûrit, ce liquide se durcit et devient amande; de ces amandes on extrait, par compression l'huile de palme, employée dans la préparation des remèdes et du savon. On engraisse avec le résidu des cocos les chèvres et les vaches, ce qui leur fait donner du lait en abondance. Les feuilles de palmier servent à faire des paniers, des écrans, etc.; leurs côtes et les enveloppes des fruits, des cordes, des brosses, des pinceaux, des balais, etc., etc. Les pousses de la cime constituent un aliment vert délicat, appelé chou-palmiste; le suc des grappes de fleurs donne le sucre et le vin de palmier.

L'abondance des produits de ce roi des palmiers est si grande, qu'une dizaine peut suffire à tous les besoins d'une famille indienne.

Ne nous étonnons pas si la religion des Indous a fait de cet arbre précieux l'objet de culte; l'homme qui l'endommage est regardé comme un criminel; celui qui le coupe, comme un meurtrier sacrilège!

Après le cocotier, le *dattier* est l'un des palmiers les plus utiles. C'est une inapréciable ressource pour les peuples de l'Afrique septentrionale et de l'Arabie. Il croît dans les oasis, au milieu du désert, où il offre aux voyageurs affamés son fruit bienfaisant. L'Arabe nomade s'en nourrit; il suffit également à la subsistance de ses chameaux et de ses chevaux.

Chaque pied porte jusqu'à 50 kilogrammes de fruit. On le cueille un peu avant la maturité; on le passe au four, ou on le sèche au soleil sur des nattes. C'est un aliment agréable, et en même temps une substance stomachique et adoucissante.

Le tronc du dattier s'utilise comme bois de construction; sa feuille couvre la cabane du pauvre.

II. — ARBRES.

Les arbres sont avec les palmiers les végétaux de la plus grande taille. Ils ont un tronc unique, ligneux, qui, à une certaine hauteur, se divise en branches et rameaux, d'où sortent les bourgeons, les feuilles, les fleurs. Les racines sont ramifiées et puissantes. Tantôt elles s'enfoncent profondément dans la terre; tantôt elles s'étendent à travers les couches superficielles du sol.

La plupart des arbres vivent longtemps; ils ne fleurissent et portent de fruits que plusieurs années après avoir été semés.

Nous les diviserons en trois catégories : arbres fruitiers, arbres forestiers, arbres exotiques.

I. — ARBRES FRUITIERS.

Dans les pays froids et sur les montagnes, les arbres fruitiers font défaut. Dans nos climats doux et tempérés, on les rencontre partout, dans les champs, aux alentours des villes et des villages. Ils aiment les terrains bien exposés, à l'abri du vent, et y prospèrent mieux.

On les cultive à cause de leurs fruits ; le bois de quelques-uns est aussi recherché pour des usages spéciaux.

Les principaux arbres fruitiers sont : le poirier, le pommier, le cognassier, le cerisier, l'abricotier, le pêcher, le prunier et le noyer.

Le *pommier sauvage* ou pommier sylvestre croît spontanément dans les bois de l'Europe.

Par la culture et la greffe, on en a créé de nombreuses variétés à fruits savoureux qu'on peut ranger en deux ordres : pommes douces, et pommes acerbes ou à cidre.

Les racines du pommier pénètrent profondément dans la terre, qu'elles tendent à épuiser. Le pommier demande un sol de bonne qualité, frais sans être humide, dans un climat tempéré. Dans ces conditions, le tronc atteint une hauteur moyenne ; les rameaux s'écartent et forment une tête ronde et large ; l'écorce polie s'écaille en lames ; les feuilles ovales, un peu aiguës, à bords dentelés sont cotonneuses en dessous ; la fleur, d'un blanc rosé, a cinq pétales ; elle produit un fruit sphérique, de nature rafraîchissante. La pomme est celui de tous les fruits d'hiver qui se conserve le plus longtemps. Elle se mange crue et cuite. Elle sert en outre à fabriquer le *cidre*, boisson saine, alcoolique, qui remplace le vin dans les contrées riches en arbres fruitiers et dépourvues de vignes. Malheureusement le cidre ne se conserve pas au-delà de deux ans.

Le *poirier* ressemble au pommier, mais il est plus haut et se couronne en pyramide, ses feuilles sont sans duvet, et l'écorce, au lieu d'être écailleuse, se fendille perpendiculairement. Même en hiver, le poirier se distingue facilement du pommier par ses boutons pointus, polis, unis, et la pointe s'éloignant de la branche, tandis que ceux du pommier sont poilus, tronqués, et collés contre l'écorce.

Le poirier fleurit en avril, avant le pommier. Son fruit est de forme oblongue. Sa chair, plus acqueuse que celle de la pomme, ne se conserve pas aussi bien ; crue, cuite, séchée, la poire est toujours un fruit délicieux.

On fait avec les poires une boisson fermentée ressemblant au cidre, qu'on appelle *poiré*.

Le bois du poirier est dur, compacte, solide. Il s'emploie dans les travaux d'ébénisterie.

Par la greffe et la culture, on a créé plusieurs centaines de variétés de poires.

Le *cognassier* est un petit arbre, originaire de l'Asie, à rameaux irréguliers. Ses jeunes branches sont blanchâtres et revêtues de duvet. Ses feuilles sont ovales sans dentelures, cotonneuses en dessous. En avril, à l'extrémité des branches, s'épanouissent de grandes fleurs, d'un beau blanc rosé, qui produisent des fruits jaunes et velus, de la grosseur d'une belle poire.

L'odeur très-agréable de ce fruit le fait croire excellent; mais le goût en est âpre, et il n'est mangeable que cuit ou confit.

Pommes, poires et *coings* sont désignés sous la déno-

mination générale de fruits à pépins, à cause de leurs
graines ou pépins placés dans la pulpe et recouverts
d'une enveloppe ferme et coriace, tandis que les
prunes, les cerises ont leur graine enfermée dans une
enveloppe dure et ligneuse, nommée noyau; d'où leur
désignation de fruits à noyau. Les meilleurs sont : la
pêche, l'abricot, la prune, la cerise.

Le *pêcher*, arbre de hauteur moyenne, a les branches
d'un brun foncé et grisâtre, les feuilles étroites, allon-
gées, finement dentelées il nous vient de la Perse; il
offre de nombreuses variétés.

Les fleurs paraissent avant les feuilles, en mars et
avril; elles sont roses et odorantes; les fruits, ronds,
ont une enveloppe unie ou veloutée. Selon les espèces,
la chair du fruit est jaune, blanche, ou rouge; on la
mange fraîche, confite ou cuite. Les meilleures variétés
se cultivent en France.

L'*abricotier* atteint les mêmes dimensions que le
pêcher; ses fleurs blanches apparaissent des premières
au printemps, avant les feuilles; ses feuilles ovales se
découpent en cœur. Cet arbre nous vient de l'Arménie.
On le cultive pour ses fruits agréables et parfumés.

L'un des fruits à noyau les plus répandus est la
prune. C'est un excellent fruit de table. Séchée, elle
s'expédie au loin, et fait l'obje d'un commerce important en France et en Allemagne.

Le prunier vient de l'Orient, qui nous a donné presque tous nos arbres fruitiers. Il pousse partout, mais
préfère une terre fraîche et forte. Son bois est dur,
d'une texture serrée, d'une nuance rouge brun; les tour-

neurs et les ébénistes le recherchent pour certains travaux.

La peau de l'amande du noyau contient de l'acide prussique ; ce qui pourrait déterminer de graves accidents chez la personne qui en mangerait une certaine quantité.

Dans les champs, les jardins, jusque dans les forêts et même sur un sol mauvais et sablonneux, on rencontre un arbre qui atteint jusqu'à treize et quatorze mètres de hauteur, à écorce lisse, grise, à tronc droit, à branches minces et étendues, à feuilles ovales et dentelées. C'est le *cerisier à fruits acides*, ou *mérisier*.

En avril et mai, les fleurs couvrent l'arbre de leur neige ; elles produisent jusqu'au mois d'août de petits fruits ronds, rouges ou noirs, à tiges longues, à goût aigrelet, qu'on mange frais et secs. On en extrait par distillation une liqueur spiritueuse très recherchée, le *kirschenwasser* ou *kirsch*.

Le *cerisier à fruits doux* se distingue du précédent par ses branches montantes, ses feuilles pendantes et pointues, son fruit un peu ovale, plus gros, plus charnu, d'une saveur plus douce.

Il provient du cerisier sauvage. Par la greffe et la culture on a obtenu de nombreuses variétés, dont les fruits diffèrent en grosseur et en couleur.

Son bois est dur et susceptible d'un beau poli. On en fait des meubles, qui imitent l'acajou commun.

Si nous rejetons le noyau de la prune et de la cerise, il est d'autres fruits au contraire dont nous écartons l'enveloppe pour ne manger que l'amande, la *noix* par exemple.

Le *noyer* nous vient de l'Italie; c'est un arbre de grande taille, au feuillage ombreux, qui croît dans toutes les régions de la France, en terrain sec et léger; mais les pays méridionaux et accidentés lui conviennent mieux. Les noix mûres contiennent une amande de bon goût; on en extrait de l'huile. Le fruit vert se confit. Le bois de noyer, doux, liant et flexible, sert à faire des sculptures et de meubles de toutes sortes.

2. — ARBRES FORESTIERS.

Il y a certaines espèces d'arbres qui croissent ensemble et en grand nombre; ce sont les arbres des forêts. Ils sont précieux par leur bois que nous employons à construire nos maisons et nos navires, à nous chauffer et à fabriquer mille ustensiles divers.

Sous le rapport de la qualité du bois, on les divise en arbres à bois dur et lourd, les *chênes*, les *hêtres*, les *bouleaux*, les *ormes*, les *aulnes*, les *frênes*; et en arbres à bois tendre, blanc et léger : les *pins*, les *sapins*, les *conifères*, les *tilleuls*, les *peupliers*, les *saules*.

Les *ormes, aulnes, saules, frênes* ne forment pas de forêts, ils croissent isolément entre les autres arbres.

Sous le rapport du feuillage, il existe entre les arbres forestiers une différence beaucoup plus caractéristique qui permet de les ranger en deux groupes. Les uns se couvrent, l'été, de feuilles de toutes formes; ce sont les arbres à feuillage caduc. Les autres portent toute l'année des aiguilles d'un vert foncé, minces, fermes et pointues : ce sont les arbres à feuilles linéaires et persistantes, connus sous le nom de conifères.

A — ARBRES A FEUILLAGE CADUC.

Quand on pénètre en été sous le vaste dôme de verdure que forme une forêt d'arbres à feuillage, on sent une fraîcheur bienfaisante qui ranime le corps. De tous les arbres qui peuplent nos forêts, le *chêne* est le plus haut, le plus majestueux, le plus puissant. Les poètes en font le roi des forêts. A l'époque druidique, on lui rendait un culte comme à un arbre béni. Son tronc robuste, ses rameaux au feuillage luxuriant, son faîte qui domine orgueilleusement les alentours, semblent proclamer qu'il peut braver la fureur des ouragans.

A l'âge de cent vingt à cent cinquante ans, il atteint une taille gigantesque, quarante à cinquante mètres de haut, et jusqu'à six mètres de circonférence.

En mai, le chêne porte des fleurs, petites et cylindriques, qui produisent une amande ovale, enfermée sous une enveloppe coriace, adhérente d'un côté à une petite coupe ligneuse. Ce fruit porte le nom de *gland.*

Le vent et le froid dépouillent les arbres à feuillage. Le chêne fait exception. Il conserve l'hiver ses feuilles flétries. Bien que desséchées, elles ne tombent que lorsque les nouvelles viennent au printemps remplacer les anciennes.

On distingue dans nos forêts deux espèces de chênes : le *chêne rouvre,* et le *chêne à grappes.*

Le premier n'atteint ni la grosseur ni la hauteur du second ; ses fleurs et ses fruits sont isolés, directement assis sur les branches, sans tiges.

Le *chêne à grappes* est l'espèce la plus commune en France. Il lui faut pour prospérer un sol argileux et profond, où ses puissantes racines soient libres de s'étendre en tout sens ; sinon l'arbre devient chétif et difforme.

Le chêne se montre généreux pour l'homme comme il convient à un roi ; son bois dur et résistant est un des meilleurs pour les constructions de toutes natures. C'est aussi un excellent combustible. Son écorce contient une forte dose d'éléments corrosifs, si elle est enlevée aux arbres de seize à vingt ans ; réduite en poussière, elle constitue le *tan* employé au tannage des cuirs. Le gland engraisse les porcs. Certaines espèces, propres aux climats chauds, produisent un gland doux, qui se mangent cru et cuit.

En Espagne, en Algérie, dans le Midi de la France, on trouve le *chêne liège,* dont l'épaisse écorce sert à faire les bouchons. Les noix de galle viennent du *chêne à galles*, petit arbre de l'Asie-Mineure. Le *cynips* pique la feuille de son aiguillon pour y déposer ses œufs ; autour des piqûres se forment des excroissances, que l'on recueille avant l'éclosion de la larve. On fait usage de ces excroissances ou galles en médecine, pour la teinture et la fabrication de l'encre. Nous avons aussi des chênes qui portent des galles, mais elles n'ont aucune propriété utile et sont sans valeur.

Après le chêne, le *hêtre,* à tronc élevé, à feuillage épais, est le plus bel ornement de nos forêts. L'espèce la plus commune est le hêtre **rouge**.

Il atteint la hauteur de tren'e à trente-cinq mètres; son écorce est unie et blanchâtre; ses larges branches grises, ses rameaux rougeâtres, son feuillage d'un beau vert forment une coupole ombreuse sous laquelle les oiseaux chanteurs aiment à s'abriter.

Peu après la pousse des feuilles, l'arbre produit des fleurs en chaton; les fruits, appelés *faînes,* tombent en octobre; ce sont des amandes d'un brun luisant qui sortent d'une enveloppe épineuse à quatre compartiments. On en fait de l'huile, et on en nourrit les porcs.

Le hêtre prospère dans toutes les terres, excepté dans les sols sablonneux ou marécageux; il accomplit sa croissance en cent vingt à cent quarante ans.

Son bois est bon à brûler; ses copeaux servent à la fabrication du vinaigre.

Le *charme* est le meilleur des bois de chauffage; on en fait aussi, à cause de sa solidité, des vis, des manches d'outil, des dents d'engrenage. Le charme forme rarement des forêts régulières; on le plante le plus souvent en haies, parce qu'il supporte bien la taille, se ramifie abondamment, et que son écorce lisse n'est pas favorable à la multiplication des insectes.

Le *bouleau* est un très-bel arbre, qui, dans nos climats, ne se trouve qu'en petits bois. Mais au nord de l'Europe, il forme des forêts étendues. A l'âge de cinquante à soixante ans, il a atteint son développement complet : vingt à vingt-cinq mètres de haut, quarante à soixante-dix centimètres de diamètre.

Le tronc est flexible et élastique; l'écorce est d'un

blanc poli et brillant. Les branches élancées s'élèvent
à angle aigu et laissent pendre leurs rameaux recourbés
à écorce brune.

Son feuillage est si clair-semé, qu'il ne peut donner
asile au plus petit nid d'oiseau. Cependant, durant les
courts étés des régions septentrionales, le chevreuil et
l'élan viennent chercher abri sous ses branches, et le
coq de bouleau se promène sous ce léger ombrage.

Cet arbre rend de grands services aux habitants des
pays froids, qui ont peu de végétaux à leur disposition.
Avec son bois, ils se chauffent, ils construisent leurs
nacelles et leurs cabanes. Ses feuilles nourrissent leur
bétail et leurs chèvres; de la sève ils font une espèce
de bière ou de vin. Dans l'Europe méridionale, on emploie son bois aux mêmes usages; de l'écorce on
fabrique des tabatières; des rameaux on fait des
balais.

Dans quelques pays on décore les maisons et les
églises de branches de bouleau, en signe de joie, au
retour du printemps.

Il y a cependant une espèce de bouleau qui est
l'emblème du deuil et de la tristesse : c'est le *bouleau
pleureur*, qui orne les cimetières de ses branches longues et pendantes.

Parmi les autres arbres à feuillage, citons le *peu-
plier*, le *tilleul*, le *saule*, l'*orme*, le *frêne*, le *châtaignier*,
l'*érable*. Ils ne forment jamais de forêts; mais ils
décorent par leur variété le paysage, et ont tous quelque utilité particulière.

B — CONIFÈRES.

Si, au sortir d'une forêt d'arbres à feuillage, où mille oiseaux nous font entendre leurs douces mélodies, nous nous transportons dans une forêt de conifères, nous nous trouvons entourés d'un silence étrange, qui n'est interrompu de temps à autre que par le battement des pics contre les troncs, ou par le croassement des corbeaux.

Les conifères sont tous des arbres hauts, élancés, à l'aspect sévère et triste, qui pour la plupart conservent leur verdure même en hiver.

Les diverses espèces se distinguent entre elles par la forme et la disposition de leurs feuilles en aiguilles.

Ces feuilles sont fixées aux rameaux une à une, ou par deux, par cinq, ou en touffes. Les *sapins* ont leurs feuilles courtes, pointues, et séparées les unes des autres; tels sont le *sapin épicéa* ou de *Norwège*, le *sapin rouge*, le *sapin noir*. Le sapin argenté a les feuilles disposées sur deux rangs. Les feuilles sont réunies par deux sur les rameaux dans le *pin commun*, par cinq dans le *pin de Weymouth* ou *pin du lord*. Sur le *mélèze* les feuilles sont plantées en touffes. Le département des Landes est couvert de bois de pins maritimes. Toutes nos régions montagneuses possèdent des forêts de sapins.

Mais pour rencontrer des forêts de conifères à l'état inculte, il faudrait remonter plus au nord, jusqu'à l'Esthonie, la Livonie, la Courlande. Là sont encore d'épaisses forêts vierges qu'aucun pied humain

n'a foulées; là les sapins et les pins s'élèvent à une
hauteur prodigieuse vers le ciel. Les rameaux et les
branches d'arbres innombrables s'entre-croisent, s'en-
chevêtrent, se mêlent à d'autres plantes parasites, et
rendent ces forêts inextricables. Les ravages causés
par le froid, la neige, la tempête, restent inaperçus
dans ce chaos de verdure impénétrable. Les loups, les
ours, le lynx, y ont élu domicile; les pigeons sauvages, les coqs de bruyère mêlent leurs cris aux
hurlements des animaux féroces; les clairières sont des
marais profonds et infranchissables; l'aigle noir niche
à la cime des pins; le coq de bruyère s'y retire le
soir; les écureuils s'élancent d'arbre en arbre; le
lynx, sur une branche, guette le chevreuil dont il va
faire sa proie; l'ours y est partout, et l'homme a sa
cabane sur la lisère de la forêt, dans les champs dé-
couverts.

La famille des conifères occupe l'un des premiers
rangs parmi les plantes utiles. Elle fournit à la marine
les mâts des vaisseaux. Nous allons chercher dans les
forêts du Nord les bois de construction que nous ne
trouvons plus en quantité suffisante sur notre sol
déboisé. De la résine du pin on extrait la térébenthine,
la colophane, le goudron, la poix. Le charbonnier
transforme son bois en charbon. Le pauvre se chauffe
de la pomme du pin, et de ses feuilles fait la litière de
son bétail; l'écorce extérieure sert à faire le tan, et
l'ultérieure, réduite en poudre et mêlée de farine, cons-
stitue le pain dont se nourrissent les peuples septen-
trionnaux.

Le Nord serait presque inhabitable si les conifères n'y existaient pas.

Le *génevrier* est aussi un conifère. De son fruit on extrait par la distillation une liqueur spiritueuse. Beaucoup d'oiseaux s'en nourrissent.

Le *cyprès* et l'*if*, au feuillage sombre, sont considérés comme l'emblème de la tristesse. On attribue à l'écorce, aux feuilles et aux fruits de ce dernier des propriétés vénéneuses.

Le *cèdre*, arbre magnifique, célèbre par son bois dur et parfumé, qui fut employé dans la construction du temple de Salomon, à Jérusalem, couvrait jadis le Liban. Aujourd'hui il en a presque complètement disparu.

5. — ARBRES EXOTIQUES.

Bien que notre région tempérée soit riche en variétés d'arbres, nous n'en sommes pas moins tributaires des climats chauds pour les produits de bon nombre d'arbres qui leur sont propres.

Le *citronnier*, cultivé sur les bords de la Méditerranée, en Italie, donne des fruits d'un beau jaune, au jus rafraîchissant, dont on extrait l'acide citrique.

L'*oranger* nous envoie ses fruits de l'Espagne, du Portugal, des îles Baléares et de l'Algérie.

L'*olivier* produit un fruit à noyau, l'olive, dont on extrait l'huile la plus estimée pour les usages alimentaires.

Le **giroflier aromatique** des Moluques produit une

épice connue sous le nom de clous de girofle. Ce sont les fleurs non épanouies et desséchées.

Le *cannellier de Ceylan* livre au commerce l'écorce aromatique de ses jeunes branches et rameaux sous le nom de cannelle.

Le *grenadier*, répandu dans les pays méditerranéens, porte la grenade, fruit agréable et rafraîchissant.

Le *muscadier* produit une noix à saveur aromatique et apéritive, très employée dans l'art culinaire.

Le *guttier* donne une résine jaune, la gomme-gutte, en usage dans la peinture à l'aquarelle; il prospère dans les Indes orientales.

Le *caoutchouc* et la *gutta-percha* sont également le suc desséché, extrait par incision, de plusieurs variétés d'arbres qui croissent aux Indes et dans l'Amérique méridionale.

Le fruit du *cacaoyer,* qui a la forme d'un concombre, contient les fèves de cacao, dont on fait le chocolat.

Le *caféier* a acquis de nos jours une importance considérable; l'Europe consomme son fruit par certaines de millions de kilogrammes chaque année. Elle le reçoit des îles de la Sonde, des Moluques, des Indes, de la Réunion, des Antilles, du Brésil.

Il y a trois cents ans, le café nous était inconnu. Tout le monde apprécie aujourd'hui le salutaire effet que produit une tasse de cette boisson tonique; elle fortifie, anime, rend la gaîté au cœur, éveille l'intelligence, et éperonne la verve du poète

III. — ARBRISSEAUX.

Il arrive souvent qu'un arbre, planté dans un sol qui ne lui convient pas, ou sous un climat qui ne lui est point favorable, n'atteint jamais son développement complet, et reste à l'état d'arbrisseau.

Certains végétaux, qu'on désigne spécialement sous le nom d'arbrisseaux et d'arbustes ne dépassent jamais cette taille restreinte. On en rencontre partout, dans les champs, les jardins, les parcs, les forêts. L'homme leur donne ses soins en raison de leur utilité.

On cultive ceux-ci pour leurs fleurs, leurs fruits ou leur bois. Ceux-là forment les haies qui entourent nos champs ou nos prairies, et servent de retraite aux oiseaux chanteurs. D'autres ont des propriétés vénéneuses.

1. — ARBRISSEAUX INDIGÈNES.

Le *groseiller*, ce charmant arbuste dont les fruits en grappes pendantes semblent des rubis ou des perles, croît pour le bonheur des enfants, qui aiment à les cueillir, dans le petit jardin du pauvre paysan comme dans celui du riche. On en rencontre quelquefois à l'état sauvage dans les haies et les forêts; mais leur fruit est petit et acerbe. Le *groseiller rouge* et le *blanc* sont sans épines ; leurs fruits ne sont mûrs qu'au mois de juillet; on les mange frais ou en confiture. On fait de leur jus un sirop rafraîchissant.

Le *groseiller noir* porte des baies noires plus grosses que les groseilles rouges, mais moins agréables à cause de leur arome trop prononcé. De ce fruit macéré dans l'eau-de-vie, on fait une liqueur stomachique, nommée cassis.

Le *groseiller à maquereaux* est épineux. Son fruit, très-gros, s'emploie comme assaisonnement.

Le *framboisier* se plante dans nos jardins et pousse aussi dans les forêts. Ses baies ont une odeur suave et un goût exquis.

La *ronce* appartient à la même famille. Ses baies, d'un noir brillant ont un goût assez agréable.

L'*airelle* pousse dans les landes et les forêts, et ne donne qu'en juillet et août ses fruits, d'un noir bleuâtre, de la grosseur d'un petit pois. Ces baies à saveur acide et rafraîchissante, rouges à l'intérieur, se mangent fraîches ou desséchées. On peut en faire une boisson fermentée fort agréable. On les emploie aussi en teinture.

Le *troëne* croît dans les haies. Il porte de petites baies noires, sphériques d'un goût aigrelet et agréable. Les oiseaux en sont friands.

Le *noisetier* ou *coudrier* prospère partout à l'état sauvage. Par la culture on obtient des espèces à fruits très-gros, connus sous le nom d'avelines.

La *vigne* est un arbrisseau si précieux qu'on le plante partout où le climat le permet. Pour les pays ou cette culture prospère et donne de bons produits, c'est une source de richesse.

Le raisin se mange frais, mais la plus grande partie des vendanges est employée à faire le vin.

Dans l'Europe méridionale, on sèche au soleil certains raisins qu'on livre au commerce sous le nom de raisins de Corinthe et de Malaga.

L'*aubépine,* dont le bois dur est recherché par les tourneurs, porte une jolie fleur odorante.

Le *nerprun* et le *prunellier* produisent de petits fruits qui servent de pâture aux oiseaux.

Le *sureau noir,* petit arbrisseau presque difforme, végète près des fossés et des murs; ses fleurs prises en infusion sont sudorifiques; s s baies mûres, cuites en marmelade, sont, dans quelques pays, malgré leur propriété narcotique, le régal des pauvres gens; les tisserands font des bobines avec ses branches creuses.

Le *sureau blanc,* le *jasmin,* le *chèvre-feuille,* le *lilas,* le *rhododendron,* la *boule de neige* ornent nos jardins; mais le *rosier* l'emporte sur tous les autres par la beauté et le parfum de sa fleur. On compte aujourd'hui par milliers les variétés de rose dues à la greffe et à la culture.

2. — ARBRISSEAUX EXOTIQUES.

Certains arbrisseaux ne croissent que dans des climats qui leur sont plus favorables que le nôtre. Quand leurs produits nous sont utiles nous devons aller les chercher dans ces contrées plus ou moins lointaines.

Tel est le *cotonnier,* dont le produit alimente d'innombrables filatures et tissages en France et en Angleterre. Le *coton* enveloppe la graine. Il nous vient principalement des Etats-Unis d'Amérique. Celui de la Géorgie est le plus renommé. On évalue la production annuelle à 350 millions de kilogrammes.

Un autre arbrisseau exotique de grande importance est l'*arbre à thé* qui croît en Chine. Les jeunes feuilles sont cueillies et séchées sur des plaques de métal chaudes, puis mises en boîtes et expédiées dans le monde entier. Infusées dans l'eau bouillante, ces feuilles produisent un breuvage suave et tonique, qui est devenu un objet de première nécessité pour les peuples du Nord et les Anglais.

Le *poivrier,* cultivé aux Indes orientales, porte des baies en grappes; ses grains encore verts sont de la grosseur des petits pois; si on les fait sécher, ils noircissent, se rident et deviennent le poivre noir; les grains mûrs sont rouges; on les dépouille de leur enveloppe pour en faire le poivre blanc.

Le *câprier* croît sur le littoral de la Méditerranée, sur les rochers et les murs. On récolte ses boutons de fleurs, que l'on conserve au vinaigre pour en faire un condiment connu sous le nom de câpres. Les baies se conservent également au vinaigre.

IV. — HERBACÉS.

Les *herbes* se distinguent des arbres et des arbrisseaux en ce qu'elles n'ont pas de tronc ligneux, mais seulement une tige molle, verte et charnue. Elles péris-

12

sent annuellement jusqu'à la racine, et repoussent
l'année suivante avec une nouvelle vigueur; ou bien
elles pourrissent avec leur racine et ne se reproduisent
que par graine. Le nombre des plantes herbacées est
aussi incalculable que leur utilité est grande. Pour en
donner un aperçu, nous les diviserons en herbes potagères ou légumes, herbes médicinales, herbes vénéneuses, plantes à teinture, plantes commerciales,
plantes fourragères, plantes d'ornement.

1. — LÉGUMES.

Quand le printemps renaît et que ses douces tiédeurs
ramollissent la terre, les jardins se parent de touffes
de feuilles vertes de toute nuance, qui annoncent à la
ménagère toute joyeuse que les légumes frais feront
bientôt les honneurs de la table.

Le *chou* n'est pas de ce nombre. Ce n'est qu'en automne qu'on le consomme, alors que ses feuilles con-
caves, en se recouvrant les unes les autres, forment
des pommes ou têtes. Il y en a de blancs et de rouges.
On en fait la *choucroûte,* mets très-prisé en Allemagne.

Le *chou-vert,* et le *chou-frisé* ne pomment pas. Ils
résistent à l'hiver. Le *chou de Bruxelles* pousse de longues tiges qui se couronnent de petites têtes de la grosseur d'une noix. Dans le *chou-fleur,* les tiges des fleurs
deviennent charnues et constituent un mets délicat.

La *laitue* et la *chicorée* sont des salades, ainsi que le
cresson qui pousse dans les eaux courantes, principalement à la naissance des sources.

L'*oseille*, l'*épinard* et l'*asperge* sont les premiers légumes nouveaux qui apparaissent au printemps sur nos marchés.

Les *carottes* et les *salsifis* sont des légumes sains, considérés comme dépuratifs du sang.

Il en est de même du *raifort* et du *radis,* qui se mangent crus.

Le *topinambour*, la *rave*, le *navet*, la *betterave* paraissent sur nos tables, mais servent surtout à l'alimentation du bétail. La culture de la betterave a pris un développement considérable, depuis que les procédés pour en extraire le sucre sont tombés sans le domaine de l'industrie.

Les *pois*, les *lentilles*, les *haricots,* verts et secs, sont pour nous de précieux aliments.

On compte plusieurs espèces de pois : le *pois des champs* qui se cultive surtout comme fourrage ; le *pois des jardins,* dont on consomme les grains encore verts, sous le nom de *petits pois;* le *pois chiche* qui se mange sec.

Les *lentilles* se cultivent en plein champ et dans les jardins. Leurs graines sont farineuses et nourrissantes.

Les *haricots* offrent de nombreuses variétés, excellentes pour la plupart.

La *pomme de terre,* d'une si grande ressource, est sujette, depuis 1844, à une maladie qui détruit la récolte dans les années pluvieuses. Si la pomme de terre venait à manquer, rien ne pourrait la remplacer; il y a tel pays, l'Irlande par exemple, ou des millions d'hommes vivent presque exclusivement de ce tubercule.

Le *thym*, la *marjolaine*, la *sariette*, l'*aneth fétide*, le *panais*, le *persil*, différentes variétés d'*oignons*, de *poireaux*, l'*ail* sont en usage dans l'art culinaire en raison de leur odeur aromatique ou de leur saveur forte et piquante.

2. — HERBES MÉDICINALES.

Dieu, en soumettant nos corps aux maladies, nous a donné les moyens de les guérir par les vertus médicinales de certaines plantes.

La plupart sont sauvages, et nous devons les connaître pour en faire usage au besoin.

La *fleur de la camomille*, qui croît partout, prise en infusion, est souveraine contre les crampes, et les maux d'estomac; en cataplasme, elle guérit l'enflure.

Les infusions de *primevères*, de *menthe*, de *valériane*, ont également une action bienfaisante.

Les fleurs et les feuilles de la *grande absinthe*, qui croît çà et là, près des jardins, ont un goût fort et amer; c'est un remède contre les vers, ainsi que la fleur de la *tanaisie*.

La racine très développée et très-amère de la *gentiane* jouit de propriétés toniques et fébrifuges.

Les bulbes informes de l'*orchis* séchées et pulvérisées, reçoivent le nom de *salep;* cette farine cuite au lait ou au bouillon, fournit une nourriture saine et légère qui convient aux enfants faibles ou aux poitrinaires.

La *pulmonaire* donne ses fleurs pour faire une tisane adoucissante contre les irritations de poitrine.

LES RÈGNES DE LA NATURE.

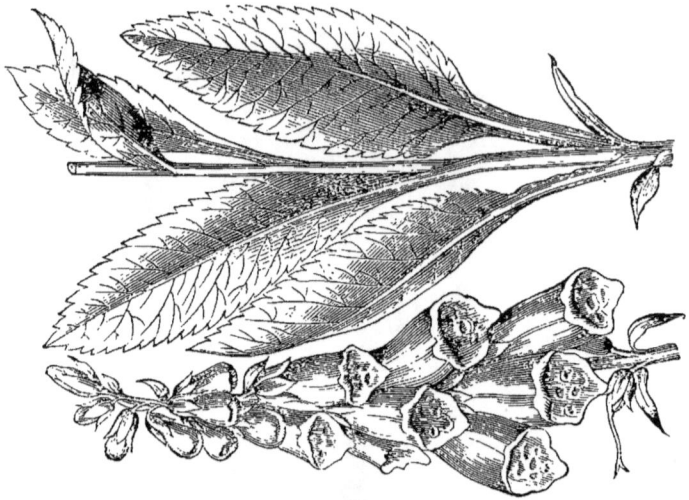

Digitale. (P. 165.)

Belladone.

L'*impératoire,* la *livéche,* l'*aristoloche* et autres plantes s'emploient pour traiter certaines affections des animaux domestiques.

Ce sont les pays chauds qui produisent les plantes médicinales les plus énergiques.

L'*ipécacuanha,* administré à minime dose, détermine des vomissements.

La feuille du *séné* et la racine du *jalap* sont des purgatifs très-actifs.

De tous les remèdes exotiques, la *quinine* est celui qui occupe le premier rang. C'est le plus excellent des fébrifuges connus. On l'extrait de l'écorce de plusieurs variétés d'arbres indigènes de l'Amérique équatoriale, connus sous le nom de *quinquina.*

Nous devons faire remarquer que la superstition attribue souvent à des plantes des qualités médicinales qu'elles ne possèdent pas réellement; ainsi le paysan cultive sur son toit la *joubarbe,* persuadé qu'elle est souveraine contre les foulures et excoriations, et de plus, qu'elle préserve sa maison du tonnerre. Le suc de la joubarbe peut avoir quelques propriétés salutaires, mais elle n'a aucun effet contre la foudre.

5. — HERBES VÉNÉNEUSES.

S'il existe des plantes dont l'action salutaire est propre à rétablir la santé altérée, il y en a d'autres dont l'effet est au contraire d'y porter atteinte, et même de détruire la vie : ce sont les plantes vénéneuses. Quelques-unes sont nuisibles à l'homme et sans danger pour les animaux, qui, guidés par leur instinct, ne touchent qu'à celles qui leur sont salutaires; d'autres, inoffensives pour l'homme, sont mortels pour certains animaux.

Aussi nous croyons utile de donner une description exacte des plantes les plus dangereuses, po r que nos jeunes lect urs puissent se tenir en garde contre leurs effets pernicieux.

La *belladone* est l'une des plantes vénéneuses dont l'action est la plus violente. Heureusement, on la rencontre rarement près des habitations; on la trouve plutôt dans les bois et dans les forêts et clairières des pays montagneux.

Ses baies, vertes d'abord, puis d'un noir brillant, et assez semblables à des cerises, éveillent la convoitise des ignorants et des enfants. Il en est beaucoup qui ont été victimes de leur gourmandise, pour avoir goûté à peine à ce fruit. Tantôt une fièvre ardente se déclare, avec accompagnement de crampes, de palpitations violentes et de délire. Tantôt il se produit des vomissements, un état d'ivresse et une soif ardente. La mort s'ensuit, à moins d'un traitement prompt et énergique.

Comme les baies, les autres parties de la plante sont vénéneuses, mais leur odeur mauséabonde nous en éloigne instinctivement.

La belladone est reconnaissable à ses tiges hautes d'un à deux mètres et bifurquées en rameaux, à ses feuilles grasses, ob ongues et entières, montées sur des queues très courtes; à ses fleurs pointues en cloche, d'un rouge terne, portées sur de longs pédoncules qui sortent à la naissance des feuilles.

Les baies mûrissent depuis août jusqu'en octobre. Cette circonstance devrait suffir à mettre en garde ; car à cette époque les cerises ont disparu.

La *jusquiame noire* pousse le long des chemins, sur les tas d'ordures et la terre fraîchement remuée ; son aspect sombre et livide, son odeur fade et engourdissante, ses fleurs d'un jaune sale, à veines plus foncées, semblent dire à l'homme : *Ne me touchez pas.* Elle atteint de trente à soixante-cinq centimètres de haut.

Elle est couverte de petits poils sécrétant une matière mauséabonde ; ses graines mûrissent fin août, et sont enfermées dans une capsule ovale comme celle du pavot.

Toutes les parties de cette plante sont vénéneuses ; elles produisent le vertige, le mal de tête, la paralysie, le délire, la mort même. La partie la plus dangereuse est la racine, qui, comme une rave, a un goût fade.

La *stramoine* se trouve dans les champs, les tas d'ordures, près des murs dans les lieux habités. Elle forme un buisson de la hauteur de cinquante centimètres à un mètre, à grandes feuilles, d'un goût doucereux et écœurant, d'une odeur repoussante, lorsqu'on les froisse. Ses fleurs apparaissent en juin jusqu'en automne ; elles sont grandes, blanches, en forme d'entonnoir, extérieurement d'un blanc jaunâtre et sale ; ses fruits, ronds et gros comme une noix, sont pourvus d'épines ; de là vient leur nom vulgaire de pomme épineuse. On appelle aussi la stramoine *herbe du diable,* et non sans raison, car toutes les parties de cette plante, feuilles, fleurs, racines, et surtout les graines, ont une influence malfaisante sur la santé de l'homme. Les feuilles, simplement appliquées sur la peau, y déterminent une inflammation. Près d'Aix-la-Chapelle, toute une famille fut atteinte d'aliénation mentale pour avoir mangé de ces feuilles avec d'autres légumes. Les graines produisent un effet encore plus foudroyant : elles paralysent, causent le délire et la mort. Bien des enfants ont pris ces graines pour un fruit inoffensif, et ont payé de leur vie cette funeste erreur.

La *parisette*, qui croît dans les forêts humides et ombreuses, porte un fruit séduisant pour les enfants; c'est une baie de la grosseur d'une cerise, noire et glacée de bleu; elle cause des vomissements et des engourdissements. Sa tige est droite, haute de dix à vingt-cinq centimètres, et porte à sa cime quatre feuilles, du milieu desquelles sort en juin une tige de trois centimètres de long, surmonté d'une fleur d'un jaune verdâtre, et plus tard d'une baie comme celle de la belladone. C'est à cause de ces deux fruits que l'on recommande aux enfants de ne jamais goûer aux fruits noirs des plantes qu'ils ne connaissent pas.

La *digitale pourprée* pousse dans les clairières des forêts, sur les pentes abruptes; elle encombre quelquefois des taillis au point d'y gêner la circulation. On la cultive aussi quelquefois dans les jardins comme plante d'ornement; ce qui est une grande imprudence, car ses fleurs en clochettes, qui pendent par douzaines le long de la tige, tentent souvent les enfants; et comme

ils portent à la bouche tout ce qu'ils tiennent, il peut
en résulter de graves accidents. Cette plante est
vénéneuse dans toutes ses parties. Ses graines mêmes
sont mortelles pour les petits oiseaux.

L'*aconit napel,* qui orne nos jardins, est facilement
reconnaissable à ses fleurs en forme de casque, violettes
ou d'un bleu pâle; le suc de cette plante est un poison
si subtil, qu'une goutte, pénétrant par une légère blessure dans le sang, détermine la mort.

La *ciguë* est, après la belladone, la plante vénéneuse
qui occasionne les cas d'empoisonnement les plus
fréquents. Le danger réside, non dans le fruit, mais
dans la racine, la tige et la feuille, qui ressemblent à
s'y méprendre à certaines herbes potagères.

Ainsi que le *cumin,* l'*anis,* le *fenouil,* la ciguë est
caractérisée par la disposition de ses fleurs, désignée
sous le nom d'*ombelle :* les pédoncules des fleurs partent
tous d'un même point et arrivent à peu près à la même
hauteur, comme les rayons d'un parasol.

La *ciguë aquatique,* la plus vénéneuse de toutes, croît
dans les fossés, les étangs, les ruisseaux, au milieu des
joncs et des roseaux. La racine, creuse et divisée en
compartiment, a le goût du céleri et du panais.

La *grande ciguë* se distingue à sa taille et à ses tiges
d'un vert gris, parsemé de taches rougeâtres. La *petite
ciguë* ressemble par son feuillage, son odeur, son goût
au persil, avec lequel elle croît souvent côte à côte
dans les jardins; ce qui donne lieu à de fréquentes
confusions, déplorables par leurs terribles conséquences. On peut la distinguer à ses feuilles étroites, plus
pointues et d'un vert plus foncé.

En septembre et octobre, rarement au printemps, s'épanouit, sur nos prairies, une belle fleur d'un rose pâle; c'est le *colchique d'automne.* Cette plante vénéneuse, à racine bulleuse, n'a point de feuilles à l'époque de sa floraison. Les feuilles larges, lancéolées et fermes, ne paraissent qu'au printemps et sont desséchées quand la fleur sort de l'oignon.

Les *ranunculées,* qui croissent dans les eaux et dans les prairies, contiennent des sucs vénéneux qui rendent dangereuse leur présence dans les herbages.

Citons l'une des espèces les plus nuisibles; la *renoncule scélérate,* plante que l'on rencontre dans les marais, les fossés, sur les rives humides. La tige est molle, polie, creuse. Les feuilles sont presque brillantes; celles d'en bas sont entières, celles d'en haut, à trois fentes. Les fleurs petites, d'un jaune citron, paraissent dès juin jusqu'à l'automne. La feuille, écrasé et appliquée sur la peau, détermine une enflure qui dégénère en tumeur. La plante verte est très-nuisible au bétail; séchée, elle perd ses propriétés toxiques et peut impunément être mêlée au foin.

Le *gouet ordinaire* ou *pied de veau* se trouve dans les bois humides, et dans les forêts; il fleurit en mai, et porte en juillet des baies d'un beau rouge écarlate. L'extérieur est séduisant. Mais malheur à l'enfant imprudent qui céderait à la tentation! S'il cueillait et mangeait ce fruit, il expierait bientôt sa faute par la mort au milieu d'horribles convulsions.

Le *bois gentil* ou *daphné* qui fleurit au printemps avant les autres fleurs, porte des baies pourpres ou

jaunes. Toutes les parties de cette plante sont cor-
rosives, surtout l'écorce; appliquée sur la peau, elle
occasionne des boutons; mâchée et avalée, elle cause
des vomissements, des inflammations d'intestins, des
convulsions, et souvent même la mort.

Comme l'odeur de la fleur est des plus agréables, on
l'aspire avec plaisir; mais il s'ensuit un mal de tête ou
des vertiges; si on met le bout d'un rameau entre les
lèvres, aussitôt la bouche enfle et la langue s'enflamme.

La plupart des plantes vénéneuses trouvent leur emploi dans la médecine; ces mêmes sucs qui peuvent
donner la mort, administrés avec discernement par un
médecin, en certains cas, combattent efficacement le
mal, et rétablissent le fonctionnement régulier de
la vie.

Dans les cas d'empoisonnement par les plantes vénéneuses, il faut avoir recours à un médecin; mais comme
le moindre retard dans les soins à donner peut avoir les
plus graves conséquences, il importe de faciliter sans
retard l'évacuation du poison par un vomitif composé
d'huile de pavot ou de beurre mêlé à l'eau tiède; ensuite on peut faire prendre une légère infusion de
camomille, puis du vinaigre ou du jus de citron mêlé
de beaucoup d'eau, toutes les dix minutes et par petite
quantité à la fois.

Si le malade a la tête brûlante et la figure rouge, un
bain de pieds et des compresses d'eau sédative à la tête
sont salutaires. Tels sont les premiers secours en atten-
dant le médecin.

4. — PLANTES A TEINTURE.

L'art de teindre la laine, la soie, le coton, le lin, la fourrure, les plumes, remonte jusqu'aux temps anciens.

Les trois règnes de la nature fournissent des matières propres à teindre; le règne minéral donne aux peintres les plus belles couleurs; le règne animal fournit la cochenille, qui sert à faire le cramoisi et l'écarlate; du règne végétal nous tirons toutes espèces de nuances.

La *garance,* cultivée en France, ainsi qu'en Hollande et en Allemagne, donne son nom à la teinture provenant de sa racine; on obtient également de la racine du *caille-lait* une belle couleur rouge.

Le *genêt du teinturier* et la *gaude,* qui croissent en Europe dans les sols sablonneux, servent à teindre en jaune. La feuille du *pastel* fournit une teinture bleue; on a cessé d'en faire usage depuis l'importation en Europe de l'*indigo,* extrait de l'*indigotier,* qui croît aux Indes, ainsi qu'en Amérique et dans l'Afrique équatoriale.

Le brun s'obtient à l'aide de plusieurs espèces de mousses et de lichens, de l'écorce du chêne, du bouleau et du châtaigner.

La noix de galle produite par le chêne de l'Asie-Mineure donne le noir et le gris.

Le beau jaune qui sort des étamines du *crocus,* sous forme d'une poussière qu'on appelle *safran* ne peut s'employer pour la teinture des étoffes. C'est une sub-

stance d'un prix élevé, un kilogramme de safran étant
le produit d'environ 400,000 fleurs. On l'emploie à la
fois pour colorer et parfumer certains mets, les pâtes
alimentaires, les pâtisseries, les liqueurs, les savons.

Le crocus est cultivé en grand dans l'Europe méridionale.

La flore exotique est plus riche que la nôtre en sub·
stances propres à la teinture.

Nous avons parlé déjà de l'indigo. Citons encore le
bois de Brésil et le *bois de campêche,* le *quercitron,*
écorce d'un chêne américain, et le *roucou,* matière
colorante produite par le fruit d'un arbrisseau de
l'Amérique méridionale.

5. — PLANTES DE COMMERCE.

Toutes les plantes cultivées donnent lieu au com-
m rce; cependant, il y en a qui sont plus spécialement
de son domaine, parce qu'elles n'acquèrent leur valeur
que grâce à l'exportation ou aux longues préparations
qu'elles ont à subir avant de devenir utiles. Tels sont
le tabac, le pavo', les plantes textiles, etc.

Le *tabac* est une plante annuelle haute de plus d'un
mètre à grandes feuilles de forme différente suivant
qu'elles appartiennent au bas ou au haut de la tige.

Il y en a plusieurs espèces : celle qui se cultive en
général dans nos pays est le *tabac commun* dit de
Virginie; il a les feuilles lancéolées, collées à la tige, les
fleurs d'un rouge pourpre avec calice allongé.

Dès que les boutons de fleurs paraissent, on les

retranche, pour que les feuilles, qui sont la partie précieuse de la plante, prennent un plus grand développement. On fait sécher ces feuilles aussitôt cueillies, puis on les expose à l'humidité; quand elles en ont absorbé suffisamment, on les entasse; après un temps donné on les remue, afin qu'elles participent toutes éga'ement à la fermentation, qui leur donne l'odeur et le piquant nécessaires; on les ressèche au grand air pour les expédier dans les manufactures, où on les roule pour en faire des cigares, où on les hache, où on les râpe pour en faire le tabac à fumer ou à priser.

De quelque manière que le tabac soit préparé, qu'on le fume, le prise, ou le chique, il est toujours nuisible à la santé, si on le consomme en quantité trop grande, car il renferme un poison d'une extrême violence, la *nicotine.*

Le tabac est originaire de l'Amérique du Sud. Son usage commença à se répandre en Europe au xvi⁰ siècle.

Le *pavot* se cultive pour l'huile dite d'*œillette,* qu'on extrait de ses graines. En Turquie et dans l'Inde on cultive sur une grande échelle un pavot blanc, d'où on extrait, en incisant les têtes encore vertes, un suc laiteux, d'abord jaunâtre, qui brunit et durcit. C'est l'*opium,* médicament de grande importance en médecine par ses propriétés calmantes, mais dont l'emploi abusif est plein de danger. Les orientaux l'avalent, et les Chinois le fument pour se procurer une sorte d'ivresse, pleine de charmes, paraît-il, mais d'un effet déplorable sur la santé qu'elle ruine en peu de temps.

Le *houblon*, cultivé primitivement en Flandre, est maintenant répandu en Belgique, en Hollande, en Angleterre, en France et en Allemagne. Son fruit à saveur amère et légèrement aromatique entre dans la fabrication de la bière.

Le houblon croît dans toute l'Europe tempérée. On le trouve à l'état sauvage, dans les haies sur un sol bas et humide; mais il ne vaut rien, s'il n'est greffé.

On mange les jeunes pousses, que l'on coupe au printemps, assaisonnées comme des asperges.

Les textiles, le *chanvre* et le *lin*, sont les plantes qui font l'objet du commerce le plus utile.

Le lin demande un an pour élever sa tige unique dont la grosseur et la longueur varient suivant la qualité du sol et son état de culture et de fumure.

Il tire son origine de l'Asie centrale; mais l'Egypte et l'Europe le cultivent depuis les temps les plus reculés.

Ses belles fleurs bleu clair subissent le sort de toutes les fleurs; elles se flétrissent, s'effeuillent et laissent une petite capsule ronde remplie de graines brun clair, d'où on extrait par pression l'huile de lin.

La tige du lin et son enveloppe renferment des filaments fins et longs, que l'on dégage par deux opérations : le *rouissage* qui consiste à faire macérer les tiges dans l'eau pour dissoudre le principe gommorésineux qui colle ensemble les fibres; et le *teillage* par lequel on sépare la partie textile de la partie ligneuse. On peigne la filasse ainsi obtenue; on la divise en deux qualités, le brin et l'étoupe; on la file soit à la main, soit à la machine dans les établissements appelés filatures. De ce fil on fait la toile, les tissus, la dentelle.

Le *chanvre* se prépare de la même manière; mais le fil qu'on en tire, étant plus gros, offre plus de résistance. On en fait la ficelle, la corde, les câbles, des toiles communes et fines. Des graines on extrait une huile bonne à brûler; les peintres l'emploient aussi pour leurs travaux. Cette graine, qui porte le nom de chénevis, sert à nourrir les oiseaux domestiques.

6. — PLANTES FOURRAGÈRES.

On appelle fourrage les herbes cultivées pour la nourriture du bétail. Les *trèfles* sont les principales. Nous citerons encore la *luzerne*, l'*esparcette* ou *sainfoin*, la *vesce*.

Le *trèfle des prés* est le plus répandu. Il dure trois ans. Il pousse à l'état sauvage dans les prairies. On le cultive, et il est l'une des bases de l'agriculture par ses qualités nutritives, par la vigueur de sa végétation qui lui permet de fournir trois et quatre récoltes par an. Le bétail le mange avec avidité, vert et sec. Ses fleurs rouges, en forme de tête, paraissent de mai à septembre. Ses graines jaunes sont enfermées dans des capsules brunes.

Le *trèfle blanc* ne se distingue du précédent que par la couleur de ses fleurs. Il croît dans les prairies et les pâturages. Il est rare qu'on le cultive et le fauche.

Le *trèfle incarnat* porte des fleurs d'un beau rouge, en épis.

C'est un excellent fourrage, et le plus précoce de tous. Mais il ne dure qu'un an, ne fournit qu'une coupe, et ne peut être conservé sec, parce qu'il perd sa saveur et se brise à la suite de l'opération du fanage.

La *luzerne,* plante vivace, à feuillage vert foncé, à fleurs bleuâtres, croît naturellement dans les prés des pays méridionaux et tempérés. On la cultive comme prairie artificielle de durée. Elle exige un sol meuble, profond, bien cultivé. On en fait trois coupes par an, et quelquefois plus.

L'*esparcette* ou *sainfoin des prés*, à fleurs rougeâtres en épis, à tiges hautes de plus de soixante centimètres, croît dans les pays tempérés et un peu froids. Il donne un excellent fourrage, de même que la *vesce,* plante à tiges couchées ou grimpantes, qu'on sème d'ordinaire avec l'avoine. La vesce possède les mêmes qualités nutritives que le trèfle, mais a le grave défaut de ne donner qu'une seule coupe.

7. — PLANTES D'ORNEMENT.

Aux premiers rayons de soleil printanier, quand l'hiver nous quitte en emportant dans son manteau de neige les derniers frimas, la nature se réveille et reprend une vie nouvelle; les jardins et les prairies commencent à reverdir et à s'émailler de fleurs.

Le *perce-neige,* l'*anémone blanche* et *bleue,* les *primevères,* ces fleurs d'autant plus attrayantes qu'elles ap-

paraissent les premières, sont pour nous les bienvenues
et nous annoncent le retour de la douce saison. Aussi
comme on leur fait fête ! C'est à qui les aura : l'enfant
en veut un bouquet, la mère en décore la maison, la
jeune fille en orne sa chevelure. Puis ces gracieuses
messagères partent en nous disant au revoir, et d'autres fleurs les remplacent pour notre agrément. Chaque
fleur a sa saison ; chaque fleur a aussi ses admirateurs :
les uns ornent leurs jardins de nos fleurs indigènes ;
d'autres, qui n'aiment que le rare et le coûteux,
ne veulent que des plantes exotiques. Elles ne vivent
souvent chez nous que grâce à des soins multipliés,
tandis que dans les pays chauds elles croissent naturellement, et telle devient un grand arbre, qui dans nos
climats ne peut dépasser les proportions d'un petit
arbrisseau.

La *tulipe*, la *jacinthe*, l'*œillet* ont été pendant longtemps les fleurs par excellence pour les amateurs, qui
payaient au poids de l'or une variété nouvelle. Ce sont
les Croisés qui ont rapporté d'Orient en Europe la
renoncule des jardins et la *rose-trémière*. La *chrysan-
thème,* la *reine-marguerite,* l'*hortensia*, le *camélia* nous
viennent de la Chine et du Japon ; la *balsamine* de
l'Inde ; la *verveine* et le *zinnia* du Nouveau-Monde ; la
capucine et le *dahlia* du Mexique ; l'*héliothrope* du
Pérou ; le *pétunia* de Buénos-Ayres ; les *phlox* de
l'Amérique du Nord ; les *pélargoniums* du Cap ; la
pensée à grandes fleurs, est originaire de la Sibérie. Le
fuschia est originaire du Chili, où il devient un arbrisseau de la hauteur d'un homme. La *pivoine* croît dans

les Cévennes. Les *giroflées*, les *iris*, les *glaïeuls*, les *lis*, les *narcisses*, les *pervenches* comptent de nombreuses variétés, les unes indigènes, les autres exotiques. N'oublions pas le *muguet*, la *marguerite*, l'*œillet barbe*, la *violette*, le *myosotis*, qui ornent également nos jardins, nos bois et nos prairies.

V. — GRAMINÉES.

Les graminées sont des plantes à tiges creuses, entrecoupées de distance en distance par des nœuds solides, à feuilles longues et étroites.

La partie supérieure de la tige qui porte les fleurs et les graines prend, suivant sa disposition, le nom d'épi ou de panicule.

Les graminées sont répandues sur toute la surface du globe; c'est, pour ainsi dire, le vêtement de la terre. Depuis les temps les plus reculés, elles ont toujours été pour l'homme les plantes les plus importantes : elles sont la base de l'agriculture; car cette classe de végétaux comprend à la fois la plupart des plantes des prairies qui servent de nourriture aux animaux domestiques ou sauvages, et toutes les céréales de nos champs.

Les céréales n'ont-elles pas en effet comme les fourrages, des tiges creuses à nœuds, des feuilles longues et étroites? Leur floraison ne se produit-elle pas également en épi ou en panicule? Les fruits des autres graminées pourraient être employés comme nos blés, s'ils étaient plus développés et leur production plus abondante.

De quel pays le blé tire-t-il son origine? Les uns assurent que c'est de l'Asie, d'autres de l'Afrique. Quoi qu'il en soit, la culture et l'usage du blé se sont répandus partout, et partout où l'homme s'est fixé, s'il a trouvé un climat assez doux et un sol assez humide, il a ensemencé du blé.

1. — GRAMINÉES A ÉPIS.

Si les *blés* ou *céréales,* qui produisent des grains farineux, occupent le premier rang parmi les graminées, il faut placer en tête le *froment,* qui donne la farine la plus blanche, la plus savoureuse, la plus nutritive. On en fait le meilleur pain, des pâtisseries, des pâtes alimentaires, etc. Le froment entre aussi dans la fabrication de la bière blanche.

De la paille choisie, on fait des chapeaux et autres ouvrages tressés. C'est un excellent fourrage pour les chevaux.

On compte un certain nombre de variétés de froment, qui se distinguent entre elles par la structure de l'épi. Elles sont dues soit à la culture, soit à l'influence du climat et à la nature du sol.

En France le froment se sème avant l'hiver pour mûrir l'été suivant.

Il demande une terre forte, argileuse ou calcaire.

Le *seigle* se contente d'un sol sablonneux. Ni l'un ni l'autre ne prospère dans un terrain humide.

Le seigle donne un pain noir, qui reste frais plus longtemps que le pain de froment, mais possède beaucoup moins de qualités nutritives.

Pendant les années pluvieuses, il est exposé à une maladie; le grain se couvre d'aspérités qui augmentent son volume. On l'appelle *seigle ergoté.*

La farine de seigle ergoté donne au pain une nuance violacée. L'usage de ce pain est dangereux; il occasionne de graves maladies, même la mort.

L'*orge* est la céréale qui croît la mieux dans les climats froids. On la cultive aussi dans les pays méridionaux. L'orge mûrit vite; plus on avance vers le nord, moins il lui faut de temps; en Laponie, où l'été dure neuf à dix semaines, pendant lesquelles le soleil éclaire jour et nuit, cet espace de temps lui suffit pou arriver à maturité.

Les jeunes pousses de l'orge sont très-délicates; une nuit froide du mois d'août peut anéantir toute la récolte, et amener la famine dans les contrées dont elle est la principale ressource.

Dans le nord l'orge est surtout employée à la fabrication de la bière. Dans le midi elle sert à la nourriture des chevaux. Dans les pays pauvres, qui ne produisent pas d'autres céréales, on en fait un pain grossier, mais sain et nourrissant. L'orge s'emploie encore à préparer des potages et une tisane rafraîchissante.

Le *maïs,* dit aussi *blé de Turquie* et *blé d'Espagne,* est une plante vigoureuse, dont la tige s'élève jusqu'à deux et trois mètres de haut. Elle se termine par un beau panache de fleurs mâles, et porte deux, trois, et même quatre gros épis dorés, sur lesquels on a compté jusqu'à sept cents grains, de la grosseur d'un pois.

Il se sème au printemps, pour mûrir en automne. C'est une plante très épuisante, qui aime les terrains profonds, les climats chauds. Elle exige une culture soignée, et souffre des longues sécheresses.

On fait avec la farine de maïs des gâteaux et des bouillies. Quelquefois on l'introduit dans la composition du pain. Les grains sont une excellente nourriture pour la volaille et les porcs. Les Indiens les mangent en vert, comme nous les petits pois. Les Américains fabriquent avec le grain pilé et macéré dans l'eau une boisson alcoolique. Coupé en vert, le maïs constitue un fourrage abondant et substantif, recherché par tous les bestiaux.

Le maïs est originaire de l'Amérique. Il était déjà bien connu en France sous le règne de Henri II. Aujourd'hui c'est une culture très-répandue dans tous les pays assez chauds pour qu'il y puisse arriver à maturité.

Citons encore l'*ivraie,* genre comprenant plusieurs espèces. L'*ivraie vivace,* le *ray-grass* des Anglais, produit toujours plusieurs tiges droites, simples ou rameuses, qui portent chacune un épi très-allongé. Elle croît sur le bord des chemins; on la cultive comme fourrage; pour former des tapis de gazon on la fauche avant sa floraison.

L'*ivraie énivrante* est la seule graminée indigène dont

La récolte de la canne à sucre. (P. 185.)

les graines soient nuisibles à la santé. Elle croît au milieu des froments, et fait par là la désolation des cultivateurs. Les étés humides lui sont favorables. Son grain, mêlé au froment, rend le pain bleuâtre, acide et malsain, et peut occasionner de graves accidents.

2. — GRAMINÉES A PANICULES.

Parmi les graminées à panicule, nous comptons un bon nombre de nos meilleurs fourrages, tels que la *flouve*, la *queue de renard*, le *fléau* et quelques plantes exotiques très-précieuses, la *canne à sucre*, le *riz*.

L'*avoine* est une de nos céréales les plus communes; elle croît partout, sur les montagnes, dans les plaines, même dans les terrains sablonneux et marécageux. On en cultive diverses variétés. Tantôt on l'emploie comme fourrage vert en la semant avec des pois ou de la luzerne, et en fauchant le tout ensemble; tantôt on laisse mûrir le grain qui sert de nourriture au bétail et aux chevaux de travail; on en engraisse les moutons, on en donne aux poules pour hâter la ponte au printemps. Les habitants des pays froids et montagneux en font du pain, du gruau, de la bouillie. La paille sert aux mêmes usages que celle des autres céréales.

La *folle-avoine* est une des plantes les plus nuisibles aux récoltes qu'elle étouffe par ses racines et ses hautes tiges. Cependant, fauchée avant sa floraison, elle est un bon fourrage vert, mais sèche elle ne vaut rien.

La *canne à sucre* est la plus haute et la plus belle des

graminées. Les produits extraits de son suc sont l'objet
d'un immense commerce.

Elle est originaire de l'Asie, mais maintenant cultivée
dans tous les pays chauds.

Lorsque sa tige, haute de trois à quatre mètres,
épaisse de cinq centimètres environ, est mûre, on la
dépouille de ses feuilles, on la coupe en morceaux, et
on en exprime le suc au moyen de roues cylindriques.
On concentre ce jus par la cuisson; il devient compacte, ferme, granuleux; c'est le sucre brut, qui, après
avoir été séché, est expédié dans des tonneaux en
Europe, où on le raffine, le blanchit et le moule en
pains.

Sous les tropiques, la canne à sucre entre dans
l'alimentation. Les nègres des plantations, après avoir
trempé les cannes dans l'eau bouillante, en aspirent le
suc; à Rio de Janeiro, aux îles Sandwich, les enfants,
au lieu de sucre d'orge, ont sans cesse à la main un
morceau de canne à sucre.

En Amérique, elle sert à engraisser le bétail.

Dans tous les pays, le sucre est devenu un objet de
première nécessité : dans la médecine, dans les
ménages, dans la préparation des mets, il trouve
également son emploie. C'est grâce au sucre que l'on
conserve les fruits cuits.

La consommation qu'on en fait en Europe est immense; elle s'accroît chaque année. L'importation du
sucre de canne n'y suffirait pas, si la fabrication du
sucre de betterave n'approvisionnait pour une bonne
part le marché européen.

Le *riz* vient de l'Asie orientale et méridionale. On le cultive également en Amérique, en Afrique et dans le midi de l'Europe, sur de grandes étendues de sol humide ou susceptible d'être inondé à volonté, nommées *risières*.

C'est un aliment sain, de digestion facile. En Europe on le consomme cuit en potage, bouillie ou gâteaux avec assaisonnement. Chez les Orientaux il est la base de l'alimentation et remplace le pain.

VI. — CRYPTOGAMES.

Toutes les plantes ne se multiplient pas par des graines, ou plutôt il en est un certain nombre chez lesquelles on n'observe ni fleurs ni fruits apparents. Leur mode de reproduction est inconnu. On les nomme *cryptogames*. Nous rangeons dans cette classe : les *fougères*, les *mousses*, les *lichens*, les *algues*, les *champignons*.

1. — LES FOUGÈRES.

Ont une tige, le plus souvent souterraine et rampante, qui supporte les feuilles rangées en séries décroissantes. Leurs semences sont enfermées dans de petites capsules qui se développent à la face inférieure des feuilles. On en compte plus de six cents espèces.

En hiver, quand les arbres sont dépouillés, le

polypode étend ses touffes de feuilles lancéolées et séparées, comme des plumes d'autruche, sur les cimes des rochers, sur les vieux murs et les troncs d'arbres vermoulus.

Dans les pays chauds, il y a des espèces de fougères dont la tige, qui est un véritable tronc, s'élève à plus de dix mètres de hauteur, sans ramification aucune; leur cime, comme celle du palmier, est couronnée de feuilles.

On a trouvé des empreintes de fougères dans les couches terrestres qui composent l'écorce du globe. On en a rencontré de gigantesques, jusque dans les pays les plus froids, ce qui fait supposer que c'est un des premiers végétaux qui aie paru sur le globe, et que dans ces temps primitifs le climat des pôles n'était pas aussi rigoureux qu'aujourd'hui.

La *fougère commune* croît spontanément dans les bois et les terrains incultes. Elle est vivace. Sa cendre donne une potasse excellente. On ne l'utilise guère que comme litière pour les bestiaux.

La *prèle des champs* se plaît dans les lieux humides. Elle est nuisible aux plantes cultivées qu'elle étouffe. On l'utilise pour le nettoyage des ustensiles en métal.

2. — MOUSSES.

Les *mousses* sont de jolies petites plantes répandues sur toute la terre; les endroits humides, ombreux et froids leur conviennent; elles tapissent de leur verdure veloutée les rochers, les troncs d'arbre, les toits et les murs ; elles s'étendent sur le revers de montagnes, sur les terrains marécageux, sous les ombrages des forêts.

La mousse sert de lit aux animaux des bois, les oiseaux en construisent leurs nids, et les insectes y trouvent un abri.

L'homme l'emploie à l'emballage des objets délicats; il en fait aussi quelquefois litière pour le bétail, et la transforme en fumier.

Les mousses entretiennent dans les forêts une précieuse humidité.

Il y a quelques espèces qui deviennent la tourbe.

3. — LES LICHENS.

Poussent dans les pays froids, sur les hautes montagnes. Ce sont des végétaux singuliers, qui n'ont ni racines, ni tiges, ni fleurs, ni feuillage. Ils se présentent le plus souvent sous forme de pellicules adhérant aux pierres ou à l'écorce des arbres.

A l'abri du soleil, sous l'action des brouillards ou d'une atmosphère humide, les troncs d'arbre, les rochers, le sol même s'en revêtent. L'air sec arrête leur végétation, qui se ranime par le retour de l'humidité.

Les *lichens* jouent un rôle important dans l'ordre de la nature. C'est par eux que débute la vie végétale. Ils sont les premières plantes qui apparaissent sur les bancs de coraux, sur les torrents de lave refroidie. Par leur décomposition il se forme peu à peu une couche de terre féconde sur laquelle croissent d'abord la mousse, puis les herbes, et plus tard de grands arbres.

Séché et réduit en poudre, le *lichen d'Islande* produit une farine alimentaire dont les Islandais font du pain, et qu'ils consomment sous diverses formes

Le *lichen des rennes* couvre la terre dans les climats glacés du Nord comme l'herbe chez nous; le renne s'en nourrit, et quand les fourrages font défaut, le lichen en tient lieu même pour les moutons, les vaches, les chèvres et les cochons.

L'*orseille* est une autre espèce de lichen qui croît sur les rochers, et donne une belle couleur rouge violet, employé en teinture.

4. — LES ALGUES.

Sont des plantes aquatiques qui appartiennent presque exclusivement à la mer, où elles forment quelquefois des îles flottantes qui entravent la marche des navires.

La *famille des varechs* forme au sein de la mer d'immenses forêts qui sont le séjour des animaux marins.

C'est là que les mollusques, les coquillages, les poissons voraces attendent leur proie.

L'hippopot me, le requin, le phoque, la tortue se nourrissent de ces plantes. Quelques espèces sont comestibles même pour l'homme, telles que le *varech sucré* et l'*ulve étendue*.

Le *varech vésiculeux* de la mer Baltique et de la mer du Nord donne une couleur vert foncé.

Chaque tempête jette sur les côtes de France, d'Irlande, d'Ecosse, d'énormes quantités d'algues, que l'on

Les Champignons. (P. 189.)

recueille soit pour en fumer les champs soit pour les brûler et retirer de leurs cendres la soude et l'iode qu'elles contiennent.

On peut rattacher à cette classe les *éponges,* que l'on range aussi parmi les zoophytes. Elles ne présentent quelque caractère d'animalité que dans les premiers temps de leur vie; elles se développent ensuite comme des végétaux informes. Elles croissent dans la mer Rouge, dans l'océan Indien. Les meilleures sont celles que l'on pêche dans la Méditerranée.

5. — LES CHAMPIGNONS.

Sont les plantes les plus imparfaites; ils croissent tantôt sur le sol, tantôt sur des matières en décomposition, fumier, troncs d'arbres vermoulus, vieux bois, etc. Il n'ont ni fleurs ni feuilles. Par leur structure, ils ressemblent le plus souvent à un parapluie ou à un chapeau. Leur grandeur varie; il en est de si petits qu'on ne peut les voir qu'au microscope; d'autres ont un diamètre de trente centimètres et au-dessus. Dans des conditions favorables, quelquefois les champignons poussent en une seule nuit, même en des lieux où il n'y en avait jamais eu. Leur durée est courte; en moyenne ils ne vivent pas au-delà de huit à dix jours. Il faut en excepter les champignons de bois qui se développent pendant des mois et des années entières.

Plusieurs espèces sont comestibles, et constituent un aliment recherché. Citons le *cèpe,* l'*oronge,* la *morille,* le *champignon de couche.*

D'autres espèces, et en grand nombre, comme
l'*agaric rouge,* le *faux mousseron,* sont vénéneuses.

Les effets de l'empoisonnement ne se font sentir que
quelques heures après la consommation ; il est alors
urgent de faire appel à l'expérience d'un médecin et
d'user de remèdes énergiques, qui trop souvent demeurent impuissants à arrêter les progrès du mal.

La *truffe,* qui fait les délices des gourmets, est un
végétal qui ne sort jamais de terre. On la range au
nombre des champignuns.

RÈGNE MINÉRAL

Nous avons passé en revue tous les êtres organisés qui vivent à la surface du globe, plantes et animaux. Nous devons maintenant compléter ce tableau en donnant un aperçu des trésors que la terre recèle dans son sein.

I

Pour les atteindre, l'homme a creusé le sol; il a fouillé jusque dans ses entrailles; et il en a retiré la pierre et la chaux pour construire sa demeure, le fer pour la fabrication des outils et mille autres usages; l'or qui par sa valeur facilite les échanges sous la forme de monnaie; le sel si précieux dans l'économie domestique; la houille enfin, qui alimente nos foyers, nos fabriques, nos usines, et, par la puissance irrésistible qu'elle donne à la vapeur, nous fait franchir les plus énormes distances avec la rapidité de la flèche.

Tous ces corps n'ont point, comme les animaux, d'organes de locomotion, de reproduction et de nutrition ; ils ne se développent point naturellement par une vie interne comme les plantes ; ils ne s'accroissent ou décroissent que par l'effet de causes accidentelles et par voie de juxtaposition.

L'ensemble de ces corps inorganiques constitue un règne distinct, nommé le règne *minéral*.

II

Beaucoup de minéraux qui reposent dans le sol ont une transparence ou un éclat remarquable, et possèdent des formes d'une admirable régularité. Leurs faces planes, leurs vives arêtes, rangées symétriquement, représentent des pyramides, des prismes droits ou obliques, des cubes, des aiguilles, des lames, etc. On les désigne sous le nom de *cristaux*. Il est à remarquer que le même corps, toutes les fois qu'il est cristallisé, se présente toujours sous la même forme, ou sous des formes qui dérivent du type primitif par de légères modifications des arêtes et des angles.

Les minéraux se distinguent les uns des autres, par leur constitution chimique ; par leurs caractères extérieurs, couleur, transparence, éclat, dureté, goût, odeur ; par les formes cristallines qu'ils affectent ; par leur poids et autres propriétés physiques.

On compte jusqu'à cinq ou six cents espèces de minéraux connus.

III

On peut diviser en cinq classes les minéraux qui existent dans l'épaisseur de l'écorce terrestre ou à sa surface : *terres, pierres, sels, métaux, combustibles.*

I. — TERRES ET PIERRES.

Les roches et les terres qui constituent le sol sur un même point sont en général de même nature. Leur ensemble forme un *terrain.*

Au point de vue chimique et agricole, on distingue trois sortes de terrains : *siliceux, calcaires, argileux.*

1. — TERRAIN SILICEUX.

Dans les cavernes et les fissures des montagnes, on trouve souvent un minéral ressemblant au verre, incolore, transparent, produisant de beaux effets de lumière, se présentant sous forme de colonnes prismatiques, terminées par des pyramides à six faces. C'est le *cristal de roche,* qui est de la *silice* cristallisée parfaitement pure.

La silice est une substance extrêmement répandue dans la nature. Elle existe en proportion dominante dans des roches et des terres qui occupent environ un tiers de la surface du globe. A l'état de pureté plus ou mo ns parfaite, elle constitue les sables, la pierre à fusil, les différentes variétés de *quartz* et de *silex*. Combinée avec d'autres corps, elle forme le *gneiss*, le *granit*, le *porphyre*, le *grès*, le *schiste*, l'*ardoise*.

Les roches quartzeuses sont généralement blanch·s. L'eau ne les ramollit pas. Le feu ne les fond point. Mais en les mélangeant à la potasse ou à la soude, on les rend fusibles, et l'on obtient ainsi une matière transparente qui est le verre.

2. — TERRAIN CALCAIRE.

Les terrains calcaires, c'est-à-dire où domine la chaux, occupent la portion la plus considérable de la surface terrestre. Des montagnes, et même des chaînes entières de montagnes, comme les Pyrénées, le Jura, les Vosges, les Apennins, sont formées de chaux sous des formes diverses, telles que *marbre, craie, pierre calcaire* proprement dite.

Le *marbre* est une roche calcaire très-dure, susceptible de recevoir un beau poli. On l'emploie dans la construction et pour l'ornementation. On en compte de très nombreuses variétés. Leurs différentes teintes, leurs veines, leurs taches sont dues à la présence de substances étrangères, généralement métalliques.

On désigne sous le nom de *craie* une variété de pierre calcaire friable et très tendre, presque toujours blanche, qui se présente dans la structure du sol à l'état de couches et d'assises considérables.

La *pierre calcaire*, ou carbonate de chaux (composé

de chaux et de gaz acide carbonique) sert à construire les murs, et à fabriquer la chaux. Généralement blanche ou blanchâtre, elle emprunte parfois des tons jaunes, rouges, bruns aux corps étrangers qui y sont mélangés.

On obtient la *chaux* en chauffant à rouge les pierres calcaires.

Cette opération se pratique dans les *fours à chaux*, qui sont ou des trous ovoïdes creusés dans le flanc d'une colline, ou des chambres construites en briques. Elle a pour objets d'expulser du calcaire, à l'aide du feu, l'acide carbonique uni à la chaux. Le produit de cette calcination s'appelle *chaux vive* ou *caustique*. Ce produit à une si grande affinité pour l'eau, qu'il l'absorbe avec rapidité en s'échauffant considérablement; il se fendille alors, augmente beaucoup de volume, et finit par se réduire en une poudre blanche et légère, combinaison chimique d'eau et de chaux, dite *chaux éteinte*, qui, exposée à l'air, se durcit en absorbant l'acide carbonique de l'atmosph re.

On utilise cette propriété en introduisant la chaux dans les mortiers et ciments qui servent à lier les pierres dans les constructions.

5. — TERRAIN ARGILEUX.

L'*argile* est une terre grasse, onctueuse, molle, ductile. C'est une combinaison de silice, d'alumine et d'eau, quelquefois pure, souvent mélangée à d'autres corps. Très répandue à la surface de la terre, elle se trouve par couches épaisses, et forme même des collines remarquables en ce qu'elles ne présentent pas le moindre escarpement, et sont d'une stérilité complète.

Sa propriété la plus importante est de former avec l'eau une pâte malléable qui durcit par la cuisson.

C'est avec l'argile qu'on façonne les tuiles qui couvrent nos habitations, la brique qui tient lieu de pierre dans les régions où cette dernière fait défaut, et résiste à l'action du feu le plus ardent dans les hauts fourneaux. C'est avec l'argile que l'on fabrique les vases et ustensiles de ménage, depuis la poterie la plus grossière jusqu'à la fine faïence et aux belles porcelaines qui font l'ornement de nos tables.

L'argile calcaire ou *marne* est employée en agriculture pour amender les sols dépourvus de chaux.

II. — SELS.

Les *sels* se distinguent des autres minéraux par leur saveur âcre et par la propriété de se dissoudre dans l'eau.

Le plus important est le *sel commun,* dit aussi *sel marin* ou *sel de cuisine.* C'est un composé de chlore et de sodium ; d'où vient son nom scientifique de *chlorure de sodium.* Il est incolore, transparent, cristallisé en cubes. Il est d'un usage universel dans l'alimentation, aussi bien pour le riche que pour le pauvre. Il sert à la fois à assaisonner la nourriture et à conserver les substances alimentaires.

Le sel est très-répandu dans la nature, soit en couches plus ou moins considérables dans la terre, soit en dissolution dans les eaux de la mer, de certains lac et de certaines sources produites par l'infiltration des eaux à travers un sol chargé d'éléments salins.

Les roches de sel ou *sel gemme* se présentent souvent en masses blanches et diaphanes à l'état de pureté parfaite. Il suffit de détacher ces blocs et de les concasser pour les livrer au commerce. Le plus habituellement le sel gemme est diversement coloré par de l'argile, de l'oxyde de fer ou autres corps étrangers. Pour le purifier on le dissout dans l'eau, et on le fait cristalliser par évaporation à chaud dans des chaudières de fer.

On use du même procédé pour extraire le sel de l'eau des sources salées. Quand elle ne tient en suspension qu'une faible quantité de substance saline, quelques centièmes à peine, on la soumet d'abord à une évaporation spontanée en la faisant tomber goutte à goutte sur des masses de fagots très-hautes, placées sous des hangars ouverts, qu'on appelle *bâtiments de graduation,* où elle se concentre de plus en plus.

Les mines de sel les plus considérables de l'Europe sont celles de Wieliczka et de Bochnia, près Cracovie, en Galicie. Leurs galeries souterraines ont été si artistiquement ménagées qu'elles étincellent comme un palais féerique pour peu qu'elles voient convenablement illuminées.

En France, on exploite particulièrement les sources salines de Dieuze, Moyen-Vic (Meurthe), de Salins et Montmoirot (Jura), de Saulnot, de Gouhenans (Haute-Savoie), d'Arc (Doubs), de Mas-d'Azie (Ariège).

On retire également le sel de l'eau de la mer, en l'exposant à l'évaporation sous l'action du grand air et du soleil, dans de vastes bassins connus sous le nom de *marais salants.*

Parmi les autres sels nous citerons : le *salpêtre* qui entre dans la composition de la poudre; le *vitriol bleu* ou *sulfate de cuivre,* et le *vitriol vert* ou *sulfate de fer,* qui s'emploient l'un et l'autre dans la teinture et la fabrication de l'encre; l'*alun,* sel blanc, d'un usage fréquent dans l'industrie, notamment dans la teinture et la fabrication du papier.

III. — MÉTAUX.

Les *métaux* sont des corps opaques, pesants, bons conducteurs de la chaleur, fusibles à une température plus ou moins élevée, doués d'un éclat particulier, dit *éclat métallique,* et possédant à un degré variable plusieurs propriétés générales, telles que ductilité, malléabilité, tenacité.

Ils sont le plus souvent enfouis dans les profondeurs du sol en *filons,* en *amas,* ou en *couches.* Pour les extraire, l'homme creuse dans le sol des puits et des galeries souterraines, que l'on désigne sous le nom de *mines*. Fouillées sans cesse par la pioche du mineur, à la pâle clarté de la lampe, ces excavations atteignent dans certains lieux un développement énorme.

Quelquefois on rencontre dans les terrains siliceux certains métaux à l'état pur et natif. Dans le cas le plus fréquent, les métaux ne se trouvent dans la nature qu'à l'état de combinaison avec diverses substances telles qu'oxygène, soufre, chlore, arsenic, etc.

La métallurgie est l'art qui s'occupe de l'extraction des minerais ainsi que des opérations diverses par lesquelles on en retire les métaux pour les obtenir à l'état de pureté.

Les usages des métaux sont si fréquents et si multiples, qu'il est à peine besoin de signaler leur utilité. Ils sont l'élément essentiel des progrès de l'agriculture et de l'industrie.

Les métaux les plus utiles sont aussi les plus abondants. Ce sont : le *fer*, le *cuivre*, le *plomb*, l'*étain*, le *mercure*, l'*argent*, l'*or*, le *platine*.

1. — FER.

De tous les métaux, le *fer* est celui qui rend le plus de services à l'homme.

Il en existe des gisements dans toutes les régions de l'Europe. La France, l'Angleterre, la Suède possèdent les plus riches.

On compte par centaines de mille les ouvriers qui

trouvent dans l'industrie du fer leurs moyens d'existence. La production annuelle s'élève à une valeur de deux cents millions de francs environ.

Le fer est un métal dur, résistant, élastique, extrêmement tenace, très ductile et très malléable. Ce sont ces multiples qualités qui le rendent si précieux.

Il se ramollit au feu à une température bien moins élevée que celle à laquelle il fond. A la chaleur rouge, il **prend** sous le marteau toutes les formes qu'on veut **lui donner**. Il s'étire en fil flexible et résistant ; un fil de **deux millimètres** de diamètre supporte sans se rompre un poids de 250 kilogrammes.

A l'humidité il s'oxyde et se recouvre d'une substance rougeâtre formée à ses dépens, qui est la rouille. On prévient les effets de cette lente destruction en le préservant du contrat de l'air par une couche de peinture à l'huile ou de zinc. En ce dernier cas on l'appelle *fer galvanisé*.

Quoique de tous les métaux le fer soit le plus répandu dans la nature, il est extrêmement rare de le rencontrer dans le sol à l'état de pureté. Il se trouve mêlé aux diverses couches terrestres sous forme d'*oxyde*, de *pyrite*, de *carbonate* (combinaisons de fer avec l'oxygène, le soufre, l'acide carbonique), etc. Les minerais, mélangés dans des proportions convenables à du charbon et à un *fondant*, argile ou calcaire suivant leur nature, sont soumis à une température très-élevée dans les *hauts fourneaux*. Sous l'action de ces divers agents, le métal se dégage, s'amasse dans la partie inférieure nommée creuset, et de là s'écoule dans des sillons de sable fin, où on le laisse refroidir et se solidifier. On obtient ainsi la *fonte.*

La fonte, par l'*affinage,* devient le *fer doux* ou *fer forgé.* L'*acier* est formé de fer très pur et d'une petite quantité de carbone. Les aiguilles à coudre, les plumes à écrire, les lames tranchantes, tous les instruments délicats sont en acier.

Sous ces trois formes, fonte, fer forgé, acier, le fer es d'un usage qu'on peut dire universel. On en fait toutes espèces d'outils et de machines, instruments agricoles, rails-ways et locomotives; des pots et des fourneaux; les serrures, les gonds, les clous; des tuyaux pour conduite d'eau et de gaz; des poutres, des maisons, des ponts, des vaisseaux.

En somme le fer, que nous foulons partout aux pieds, nous est bien plus indispensable que l'or et l'argent.

2. — CUIVRE.

Après le fer, le *cuivre* est le métal le plus employé. On le rencontre assez fréquemment à l'état natif. On l'extrait de divers minerais. Le plus abondant de ces minerais est le cuivre pyriteux, combinaison de soufre, de cuivre et de fer. Le traitement qu'on leur fait subir est long et dispendieux. On les soumet d'abord à des grillages multipliés dans des fourneaux à reverbères, puis à des fontes répétées jusqu'à ce que le métal soit entièrement isolé des corps étrangers.

Les mines de cuivre les plus riches sont celles du comté de Cornouailles, en Angleterre. La Suède, l'Au-

triche, la Saxe en possèdent aussi. Les plus productives du monde entier sont celles de l'Australie méridionale.

Exposé à l'air humide, ou mis en contact avec les
corps acides ou gras, le cuivre se couvre d'une substance verte, nommée vert de gris. C'est un des poisons
les plus violents. Aussi doit-on prendre le plus grand
soin de tenir propres et parfaitement écamés les ustensiles de cuisine en cuivre.

Les composés du cuivre donnent des couleurs vertes
et bleues, qui quelquefois servent à peindre les jouets
d'enfants. On ne saurait prendre trop de précautions
contre ces couleurs vénéneuses.

Les anciens connurent le cuivre avant le fer. Ils en
faisaient des armes, des instruments tranchants. Aujourd'hui on en fabrique des chaudières, des chaudrons,
des ustensiles de ménage. Il est la base de la monnaie
de billon. Il entre en une certaine proportion dans les
monnaies d'or et d'argent, auxquelles il donne plus de
résistance.

Allié au zinc, il produit le *laiton* ou cuivre jaune;
allié à l'étain, le *bronze* dont on fait les cloches, les
statues, les canons. Le *maillechiort* est aussi un alliage
de cuivre avec plusieurs autres métaux.

5. — PLOMB.

Le *plomb* est un métal d'un blanc bleuâtre, mou,
très malléable, très-lourd, qui fond à un faible degré
de chaleur. On l'extrait de divers minerais, surtout de

la *galène*, qui est un composé de soufre et de plomb. On en fait les balles de fusil, le plomb de chasse, des tuyaux pour conduite d'eau et de gaz, les caractères d'imprimerie. On le lamine en feuilles minces pour en former des toitures, ou en doubler des réservoirs en bois.

La quantité de plomb extraite chaque année dans les diverses parties du monde s'élève à environ huit cents mille quintaux métriques. Les mines les plus importantes se trouvent dans le Hartz, en Saxe, en Autriche, en Angleterre, en Espagne. La France en possède quelques-unes, mais qui sont loin de suffir à ses besoins.

Sur le plomb fondu se forme une poussière grise; c'est la *litharge* ou *oxyde de plomb demi vitreux,* dont on fait un vernis pour les poteries, et qui entre dans la composition du cristal. L'*acétate de plomb* ou *extrait de Saturne* est d'un usage fréquent en médecine. La peinture en bâtiments et les arts industriels emploient la *céruse* ou *blanc de plomb*, et le *minium* ou *oxyde rouge de plomb*. Mais le maniement de ces substances toxiques n'est pas sans danger. Il occasionne de graves accidents dans l'organisme, des désordres dans l'appareil digestif, accompagnés de violentes douleurs, de tremb'ements convulsifs, connus sous le nom de *coliques des peintres*.

4. — ETAIN.

L'*étain* est d'un blanc grisâtre. Il fond facilement, et sert à souder les métaux moins fusibles. Sous l'action de l'air, il perd son éclat, sa blancheur, devient bleuâtre, même noir, mais ne s'oxyde pas, et n'altère jamais les mets ou boissons auxquels il sert de contenant sous forme d'assiettes ou de vases.

Ce métal s'extrait d'un seul minerai, appelé *étain oxydé* ou *pierre d'étain*. Il est abondant en Saxe et en Bohême, au Mexique et dans la presqu'île de Malacca, mais surtout en Angleterre. Les mines de la Cornouailles sont les plus importantes de l'Europe.

L'alliage du cuivre et de l'étain constitue le bronze, comme nous l'avons déjà signalé. L'amalgame de l'étain et du mercure sert à étamer les glaces.

Entretenu à l'état de fusion au contact de l'air, l'étain se recouvre d'une pellicule grisâtre, et finit par se convertir entièrement en un oxyde pulvérulent, appelé *potée d'étain*, en usage pour polir les substances dures.

On obtient le *fer blanc* en trempant dans un bain d'étain fondu de minces plaques de fer ou tôle. La légère couche d'étain qui reste adhérente à leurs deux faces su fit à les protéger de la rouille. L'étamage des ustensiles en cuivre consiste pareillement dans l'application d'une mince couche d'étain fondu à leurs paro s exposés au contact de corps gras ou acides.

5. -- ZINC.

Les minerais dont on extrait le *zinc* se trouve principalement en Silésie, en Belgique, en Angleterre. A la température ordinaire le zinc est cassant. A une chaleur de 100 ou 150 degrés, il devient malléable, et se laisse

réduire au laminoir en feuilles dont on fait des couver-
tures de toit, des gouttières, des tuyaux de conduite,
des baignoirs, etc.

6. — MERCURE.

Le *mercure* est un métal liquide, qui ne se solidifie
qu'à une température de 40 degrés au dessous de 0.
Sur le feu, il boue et s'évapore jusqu'à la dernière
molécule. L'évaporation se produit même à une chaleur modérée. Ses vapeurs sont nuisibles à la santé;
il faut prendre les plus grandes précautions pour se
préserver de leur contact.

Il est rare de trouver le mercure à l'état de pureté.
Il existe, combiné au soufre, dans le *cinabre*, minerai
d'un beau rouge, qu'on exploite à Almaden (Espagne)
et à Idria (Carinthie). Le Pérou, le Mexique, la Chine
sont très-riches en mercure.

Ce métal liquide est précieux pour la construction
des instruments de physique, baromètres, thermo
mètres, manomètres. On l'emploie pour l'étamage des
glaces, l'extraction des métaux précieux. Le *vermillon*
ou cinabre est en usage dans les arts; et en médecine
on utilise les propriétés du *calomel* et du *sublimé
corrosif*, autres composés du mercure.

7. — ARGENT.

L'*argent* possède un aspect agréable, un brillant qui
plaît. Sans saveur aucune, il ne s'altère pas à l'air ou

dans l'eau. Aussi on aime à faire usage de l'*argenterie*,
vaisselle, ustensiles de table, flambeaux et autres
objets.

S'il ne s'oxyde pas, l'argent perd son éclat au contact des matières et des gaz sulfureux. C'est ainsi que
les œufs noircissent les cuilliers d'argent, et que les
montures de lunettes faites de ce métal deviennent
noirâtres par l'effet de la transpiration.

L'argent est extrêmement malléable et ductile. On
en fait des feuilles plus minces que le papier le plus fin.

Il se trouve dans le sol tantôt à l'état de pureté,
tantôt sous forme de divers minerais que l'on traite
suivant leur nature.

Les mines d'argent les plus riches et les plus célèbres
sont celles du Mexique, du Chili, du Pérou, des Etats-
Unis, de la Colombie. En Europe il y a aussi des
exploitations importantes en Hongrie, en Transylvanie,
en Norwège, en Saxe, en Westphalie. Sur plusieurs
points de la France on rencontre et on exploite quelques
minerais argentifères.

L'argent pur est assez mou. Pour que les monnaies,
les bijoux, les ustensiles et les vases, que l'on fabrique
avec ce métal, puissent conserver leur forme, et résister
plus longtemps à l'usage, on est obligé de l'allier à une
quantité plus ou moins grande de cuivre. Les proportions dans lesquelles s'effectuent ces alliages, ne sont
pas livrées à l'arbitraire de chacun. Chaque Etat les fixe
par la loi. C'est ce que l'on appelle le *titre* de l'argent
ou de l'or, auquel s'appliquent les mêmes observations.

8. — OR

L'*or* est le plus beau de tous les métaux. Sa variété, son inaltérabilité, son éclat, sa couleur jaune, son extrême malléabilité lui assurent parmi les métaux le premier rang qu'il occupe depuis la plus haute antiquité. Les peuples anciens, ainsi que nous, le considéraient comme le signe de la richesse, et l'objet des convoitises. Le but que poursuivaient les alchmistes était de transmuter en or les autres métaux.

Un gramme d'or peut s'étirer en un fil de 2,500 mètres de longueur. Par le battage, on réduit la même quantité d'or en feuilles assez étendues pour couvrir une surface de cent trente décimètres carrés. Ces feuilles sont si menues qu'il faudrait en superposer neuf mille pour obtenir une épaisseur d'un millimètre. En cet état l'or est transparent et laisse passer une lumière d'un beau vert.

On emploie ces feuilles d'or à dorer le bois, la pierre, le papier, les tranches de livres, les encadrements, les meubles, etc.

Par divers procédés on applique sur les autres métaux une couche d'or encore moindre.

L'or ne se trouve dans la nature qu'à l'état natif, on allié à d'autres métaux, surtout à l'argent. On le rencontre dans des filons de quartz, dans les mines d'argent, dans les sables charriés par certaines rivières. Mais c'est principalement dans les terrains d'alluvion de l'Amérique, de l'Asie centrale et de l'Australie que se trouve la plus grande partie de l'or qui existe à la surface de la terre. On l'exploite au Brésil, au Chili, en Colombie, au Mexique, en Sibérie, dans l'Oural, et surtout en Californie et en Australie.

9. — PLATINE.

Le *platine* n'est connu en Europe que depuis 1741, époque où il fut importé d'Amérique par l'Anglais Ch. Wood. Sa couleur est d'un gris d'acier très clair. C'est le plus lourd de tous les métaux. Il est aussi malléable que l'or, mais beaucoup plus mou. De tous les métaux, c'est le moins dilatable par la chaleur. Il est infusible au feu de forge le plus violent, et résiste à l'action des liquides les plus corrosifs. C'est à cause de cette propriété qu'on l'emploie dans la fabrication de l'acide sulfurique. On en fait pour cet usage des chaudrons valant de 5,000 à 15,000 francs.

Les mines de Sibérie, découvertes en 1823, sont les plus productives. Elles fournissent annuellement plus de 2,000 kilogrammes de platine.

IV. — COMBUSTIBLES.

Sous cette dénomination nous rangerons les minéraux qui ne sont pas solubles dans l'eau comme les sels, qui ne fondent pas sous l'action de la chaleur comme les métaux; mais qui sont inflammables, et

changent d'état par combustion, tels que la *houille* ou
charbon de terre, la *tourbe,* le *soufre,* la *plombagine,* .e
diamant.

1. — HOUILLE.

La *houille* ou charbon de terre existe en masse con·
sidérable dans le sein de la terre. Elle forme, dans des
terrains composés de grés, d'argile schisteux et de
calcaires, des couches plus ou moins puissantes, dont
il existe ordinairement plusieurs superposées les unes
aux autres.

On suppose que la houille est le produit de l'altération plus ou moins complète d'arbres et de plantes qui
existaient dans les premiers âges du monde, avant
l'apparition de l'homme, et qui ont été enfouies par
des déluges ou autres grands cataclysmes. Cette
opinion est fondée sur l'abondance des débris végétaux
dont on trouve l'empreinte dans les grès et les schistes
avoisinants. Ces empreintes sont souvent si nettes qu'il
est possible de reconnaître l'espèce et le genre des
plantes qui les ont produites.

La houille est une substance charbonneuse, compacte, noire, brillante. Elle s'enflamme plus ou moins
aisément suivant qu'elle est grasse ou maigre. A poids
égal, elle donne trois fois plus de chaleur que le bois.
En brûlant elle répand une fumée épaisse, chargée
d'une poussière noire impalpable, qui salit tous les
objets situés à proximité.

Par son abondance et sa puissance ca'orique, la

houille est devenue le combustible le plus usité dans beaucoup de pays, et l'élément indispensable de toute industrie qui a besoin de chaleur ou de force motrice. Les chemins de fer et la navigation à vapeur sont ses tributaires. Elle joue également un rôle important dans la réduction des minerais, la fabrication du fer et de la chaux. Soumise à la distillation, elle donne le gaz d'éclairage, et laisse pour résidu le *coke*, charbon poreux, à reflets métalliques, difficile à allumer, mais qui brûle presque sans flamme, sans fumée ni odeur. Le coke est le combustible qui produit la température la plus élevée; ce qui fait qu'on l'emploie avec succès dans le traitement du fer et la fonte des métaux.

Il existe des dépôts houillers dans presque toutes les régions du globe. L'Angleterre, la France, la Belgique, l'Amérique du Nord possèdent des gisements que l'on peut considérer comme inépuisables pour des siècles.

L'*anthracite* est un charbon minéral noir, plus dur et moins pur que la houille. Il brûle lentement et avec difficulté, sans répandre de fumée ni d'odeur.

2. — TOURBE.

La *tourbe* est une matière d'un brun noirâtre, qui se forme sous les eaux par l'accumulation et l'altération de diverses plantes aquatiques croissant dans les terrains marécageux et submergés. Il s'en produit journellement dans les marais. Séchée, elle brûle facilement avec ou sans flamme, en répandant une odeur particulière.

On appelle *tourbières* les gisements de tourbe, qui atteignent parfois jusqu'à dix mètres d'épaisseur. Sur certains points, dans les parties basses de nos continents, ils occupent des espaces immenses. Souvent ces dépôts sont encore recouverts par les eaux. Sur d'autres points, ils sont à sec et il s'est formé au-dessus des couches de sable et de limon, qui ont suffi pour donner naissance à de belles prairies. La plupart des prairies de la Normandie sont dans ce cas. Les plus grandes tourbières de la France sont celles de la vallée de la Somme, entre Amiens et Abbeville. La Hollande en possède une grande quantité; elle n'a, pour ainsi dire, pas d'autre combustible.

3. — SOUFRE.

Le *soufre* est un corps solide, d'une belle couleur jaune, sans saveur ni odeur. Il brûle avec une flamme bleuâtre, en répandant des vapeurs suffocantes.

Il entre dans la fabrication de la poudre à canon, des allumettes, de l'acide sulfurique. On l'emploie en médecine pour combattre les maladies de peau et en agriculture contre les maladies de la vigne.

Le soufre se présente dans la nature, en divers états. On le trouve dans la plupart des terrains. Il existe combiné à la chaux dans le *gypse* ou *plâtre*, et combiné à divers métaux dans les minerais connus sous le nom de *pyrites*. Il est surtout abondant auprès des volcans en activité. On donne le nom de *solfatares* aux terrains imprégnés de soufre. On l'extrait en distillant la terre exploitée.

Les solfatares de l'Etna, en Sicile, fournissent la majeure partie du soufre nécessaire aux besoins de l'industrie.

4. — PLOMBAGINE ET DIAMANT.

Dans les terrains primitifs on rencontre quelquefois, en masses informes, une substance noire de fer ou gris d'acier, d'un brillant métallique, tâchant les doigts, se laissant couper au couteau, et d'un aspect onctueux. C'est la *plombagine*.

Délayée dans l'huile ou l'eau, elle s'applique sur le fer, la fonte, la tôle des tuyaux, poêles et fourneaux, qu'elle colore en gris et préserve de la rouille. Pétrie avec de la graisse, elle fournit une pâte propre à adoucir les frottements des essieux de voiture, des engrenages et autres organes de machines. En la mêlant à l'argile, on en fait, pour la fonte des métaux, des creuzet réfractaires résistant au feu le plus ardent. Enfin on l'emploie à la fabrication des crayons. La plus renommée pour ce dernier usage est celle que l'on tire de Passau, en Bavière, et du comté de Tumberland, en Angleterre.

La plombagine est du carbone plus ou moins impur. Le *diamant* est aussi du carbone, mais cristallisé, à l'état de pureté parfaite.

C'est le plus dur des corps connus. Il ne fond pas, mais brûle facilement. Il est limpide, transparent, ordinairement incolore; quelquefois ils présente des teintes bleues, jaunes, roses, brunes.

L'éclat incomparable du diamant taillé lui ont valu le premier rang parmi les pierres précieuses employées en joaillerie. Sa valeur dépend de sa pureté, de sa limpidité, de sa grosseur. Les diamants imparfaits sont employés à tailler et polir les pierres fines, à couper le verre.

On trouve les diamants dans des terrains sablonneux au Brésil, aux Indes orientales, dans la chaîne de l'Oural, et dans certaines régions de l'Afrique australe.

Le diamant taillé qui passe pour le plus beau, en raison de sa forme et de sa limpidité, est connu sous le nom de *Régent*. Son poids dépasse vingt-sept grammes. Il appartient à la France. L'Empereur de Russie en possède un qui est de la grosseur d'un œuf de pigeon. Celui du rajah de Matan, dans l'île de Bornéo, pèse plus de soixante-quinze grammes. C'est le plus gros diamant connu.

FIN.

TABLE

RÈGNE VÉGÉTAL.

RÈGNE MINÉRAL.

FIN DE LA TABLE.

Limoges. — Imp. E. ARDANT ET Cie.

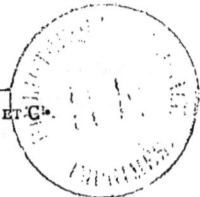

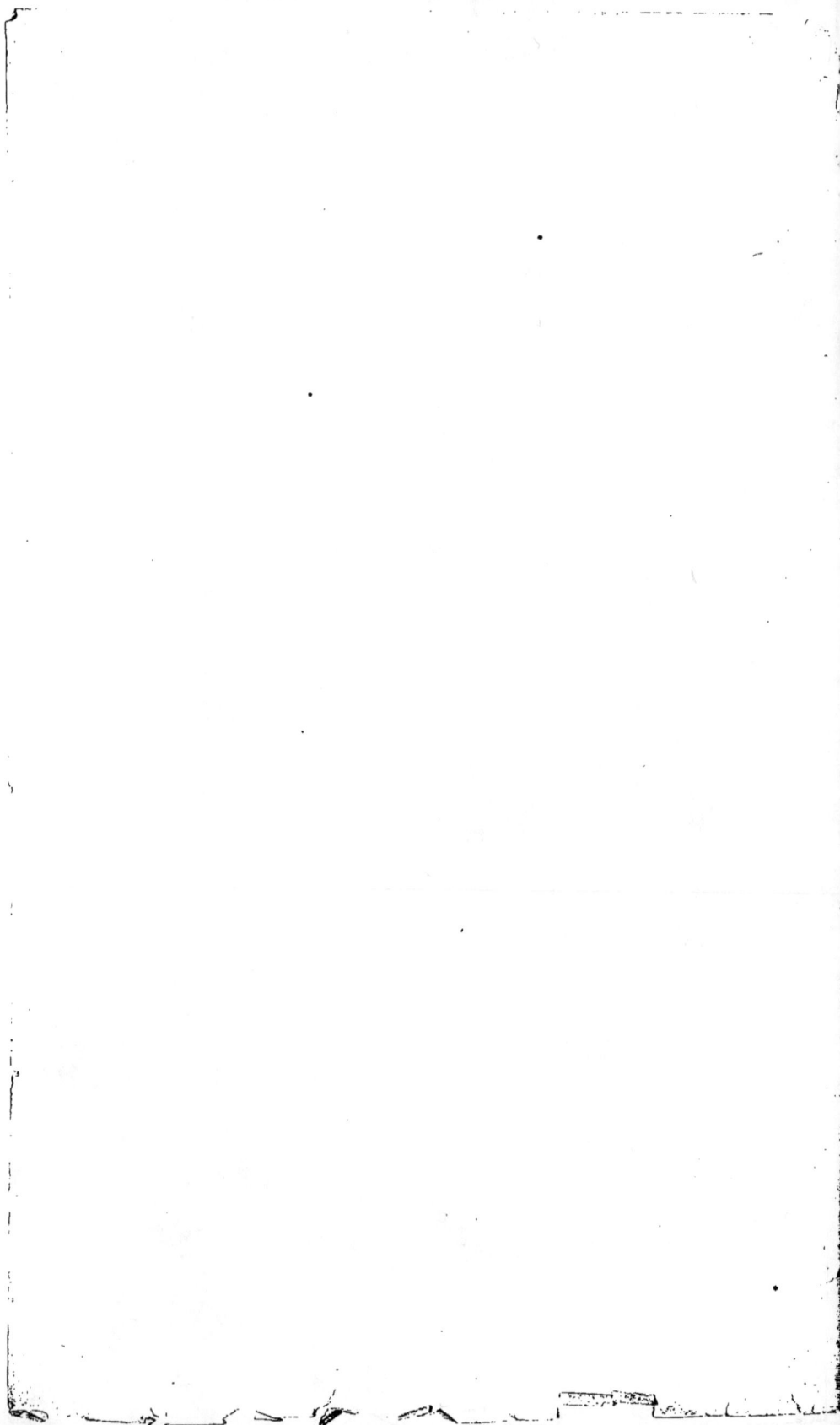

HISTOIRES

ET

LÉGENDES

PAR

T. CASTELLAN, ED. LASSÈNE, L. H***, L. MICHELANT,
Mme CAMILLE BODIN ET EUGÉNIE FOA

AVEC

ILLUSTRATIONS DANS LE TEXTE

SIXIÈME ÉDITION.

LIMOGES

EUGÈNE ARDANT ET Cie, ÉDITEURS.